大展好書 好書大展

大展好書 好書大展

超經營新智慧 9

速效行銷學

江尻弘／著
沈永嘉／譯

大展出版社有限公司

序言

本書是現代企業最重視之「行銷學」的入門書，根據某項調查發現，美國五百家大公司的經營最高負責人（CEO），以出身於行銷單位者居多，由此顯示出行銷學正是企業經營的骨幹。

人人都說這是一個商品很難推銷的時代，在此狀況之下公司內不只是和顧客有直接接觸的營業部門而已，從研究開發、製造到人事、會計、總務等的間接部門為止的所有部門，務必要意識到顧客的存在，並考慮如何創造顧客，保持住顧客而推銷出商品。

無論在任何時代，創造並保持顧客，永遠是企業活動的根本，而這正是「行銷學」。可是說來簡單，其內容五花八門非常廣泛瑣碎，本書首要之目的，為使各位讀者簡潔扼要地正確理解「行銷學」之基礎。

而為了使讀者能簡單理解行銷學之整體形象，特別作了如下幾項設想：

①嚴格篩選了八十個行銷學的主要概念，以二面一個項目的簡單方式來說明。

②為使本書能簡潔扼要、深入淺出，多用逐條列舉法。

③為使讀者能更深入了解行銷學的實務，簡單介紹向「企業學習」以實際上最近企業所採取的活動實例來加以說明。

④為使讀者提高對行銷學的關注起見，凡是有必要，即提出「行銷學的眼光」，針對公司所面臨各種經營問題時，站在行銷學的觀點所下的處方箋。

人們已可廣泛接受現今之行銷學為一門學問，此外本書中還介紹各種學說、想法及著力點，而本書中所提出之想法及思想體系均參考行銷學界之權威，美國西北大學的菲力普·考特勒（Philip Kotler）教授所主張的。考特勒身為行銷學界之泰斗，受到全世界的高度評價，這也是我認為將來各位想正式學習行銷學時，則本書的內容和你所要正式學習的內容將一致，是比較理想的。

為了本書的性質起見，註解均加以省略，如果有讀者想知道其中個別之理論，或見解之來源和背景，請參看拙作『行銷學的思想論』（一九九一年，中央經濟社出版）。

在發行本書時，得到日本實業出版社的出版部大力的支援，特藉此篇幅，致上由衷地謝意。

江尻　弘

目錄

第三章 行銷學的分析方法

第四章 樹立行銷戰略

第五章 行銷戰略的基礎知識

第九章 行銷結構戰略(4) 促銷戰略

第十章　實施行銷活動

第十一章　行銷活動的成果和管理

第一章

1 行銷學的出現
2 行銷學的目標
3 行銷學的基本思想及變遷
4 囊括顧客和社會的行銷學
5 以實現企業間的合作而引來顧客的滿足為意圖
6 以顧客為友的行銷學

行銷學的產生和變遷

1 行銷學的出現

※二十世紀在美國產生的行銷學

據說我們開始普遍使用行銷學這個名詞，是在進入二十世紀的美國。雖然經濟學早在十八世紀已經成立了，但是行銷學論的名詞卻是在一九〇五年賓州大學的講座名稱出現的，然而像今日體系般的鞏固，則是在第二次世界大戰之後的事情。

行銷學的形成思想，並不是在主宰十九世紀世界經濟的英國發蹟，而是改由二十世紀的美國登場，這是與當時的美國趕不上開拓殖民地全球潮流密切有關。

因為英國的企業拜產業革命之賜，能把大量生產的商品帶到世界上廣大的殖民地市場去銷售，所以對商品之銷路抱持樂觀。可是，對於幾乎沒有殖民地市場銷路的美國企業而言，其所大量生產的商品銷路無著落，為此正大傷腦筋，只好創造內銷市場，除了內銷之外，別無他途，結果才發明了行銷

圖表 1　行銷學的步驟

1905 年	在賓州大學開設行銷學講座
1911 年	巴林（Parlin）實施市場調查
1916 年	威爾特（Weld）說明中盤業者的機能
1923 年	哥布蘭（korpland）把消費資訊分為三種類型
1948 年	堡登（Borden）提倡混合市場
1952 年	通用電力公司表明以顧客的意向至上
1956 年	史密斯（Smith）提倡市場細分化
1957 年	奧迪遜（Olderson）主張市場的異質構造性
1960 年	邁克錫（Mackarsy）提出 4P 主張
1960 年	利比特（Lepit）發表「市調（market survey）的短視論」

學的想法。

後來，行銷學論透過福特汽車、通用汽車等美國企業在銷售上的實踐，步步為營才得以鞏固落實。

❄行銷學即是「銷售商品所實踐的結構」

行銷學的概念如下：即有效地推銷商品時，所須之實踐面之結構。

①行銷學面對現代企業迫不及待地要銷售商品之問題，為了針對其所開的處方箋，而提供具體實踐性的方法論。

②行銷學可說是極端務實，又具有邏輯推理的體系化結構，他標榜著把在現實上的經營中被確認為有效地銷售方法鎖定為一個經驗法則之結晶。

所以，**行銷學的基本概念**，正是務實的實踐方法論。

2 行銷學的目標

※公司中最大的資產即是顧客

根據行銷學的想法認為：「對公司而言，最重要最寶貴的資產即是顧客。」因為顧客的存在，且購買公司所提供之商品，公司才可以創造銷售額，並藉以生存所致。

所以，一家公司最大的課題在於不斷創造新顧客，長期保持舊有的顧客，隨著開拓新的顧客，公司的銷售額才能日益成長，又透過確保顧客才可以使公司的銷售額日趨穩定。因此，公司最重要的課題是創造和保持顧客。

※行銷學即是創造和保持顧客之活動

行銷學的定義有各種不同的表現法，一九八五年美國行銷學協會曾為此下了一個定義：「行銷學是為了創造能滿足個人和組織體為目的之交易，並針對構想、資產、服務、有計劃施行概念之建立、價格之設定，促銷流通之過程。」

另外，於一九九〇年日本行銷學協會所下的定義是：「行銷學即是公司和其他組織站在國際的觀點上，一方面和顧客獲得相互的理解，另一方面透過公平的競爭，施行得以創造市場時所須之總體活動謂之。」

可是筆者一直認為，應下一個更簡潔扼要的定義才更為理想，所以根據美國行銷學論的權威菲力普・考特勒（Philip kotler）所主張的：「行銷學在創造和保持顧客時，所扮演核心的角色。」而認為應簡化：「行銷學即是創造和保持顧客之活動。」

●行銷學的眼光

在公司整體事業的構想中，最該重視的既不是人、物、錢的齊全，也不是技術的開發，而是如何開拓會購買商品的顧客、如何保持顧客，也就是建立創造和保持顧客的構想。

向企業學習

聲寶公司大躍進之秘密

在以前大阪的家電製造廠商聲寶公司，曾被譏笑為 1.5 流的企業，想不到今日竟獲得超越了新力、國際電器產業的經常利益率、以績優的行銷廣受好評。為什麼呢？聲寶公司是如何完成如此大的躍進呢？其中秘密之一是，聲寶公司透過「超級優良品質」（Super Excellence）商品的開發成功地創造新的顧客所致。

據說那些超級優良品質的商品在得到公司內之認可前，必須滿足以下四點：①要有全新的流程，②有全新的技術，③使用全新的材料，④使用全新的製造方法。聲寶公司的基本態度即是採用開發出完全領先同業的革命性商品，並以創造顧客為目標。

3 行銷學的基本思想及變遷

※行銷學的基本思想在於「實現顧客滿足感」

行銷學的基本思想又叫做行銷學的概念（marketing concept），他的基本想法是以一九五二年通用電力公司所發表的顧客意向（customer Orientation）的想法為起點，後來又採用各方的概念，整理出今日的思想體系。

公司必須先選擇標的市場（換言之即標的顧客），然後調查標的顧客之欲求，再驅使、整合各種行銷手段，以期能帶給標的顧客充分的滿足感，並創造利益的想法，就是這一思想體系的涵意。而行銷學基本思想的焦點是實現顧客滿足（customer satisfaetion＝CS）

※基本思想的變遷

但是，從前的行銷學並不是以實現顧客滿足為基本目標，那是在第二次大戰前以下面三種想法為基礎，才漸次發展為到第二次大戰後，以顧客意向

圖表2 根據考特勒(Kotler)所分析的行銷學新舊二種基本思想

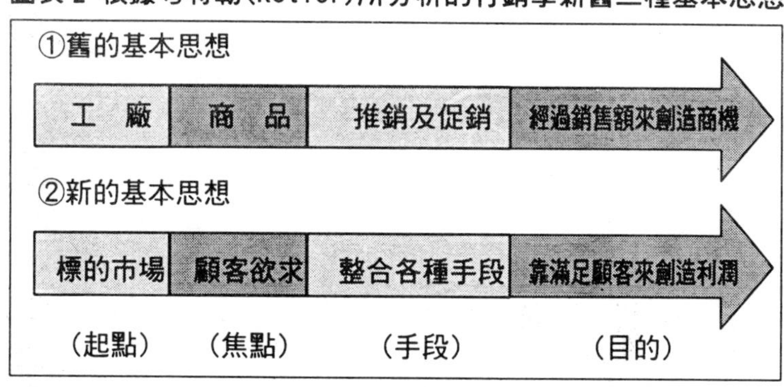

為基本理念的想法而廣受人們之支持。

三種想法分別是：

・**生產意向**（大量製造，並供給消費者想要的有用且廉價的商品）。

・**商品意向**（適當地開發並提供給消費者想要的，高品質且領先同業的商品）。

・**銷售意向**（如圖表2所顯示的舊的基本思想，透過強硬的推銷及促銷活動來販賣工廠所大量製造的商品）。

向企業學習

花王公司的消費者意向

花王是一家化妝品製造廠商（Toiletry Maker），同時也是大躍進的企業，他的成長秘密之一在於舉辦消費者協談中心之活動，該中心經常派了七、八名協談員接聽消費者打來的免付費電話（Free Dial），一天大約消化一百五十件案子，花王公司從協調中得到的資訊包括申訴、查詢等，並以此為起點開始改良商品，結果才得到了消費者的支持及實現滿足感。例如「Merit」（商品名）的洗髮精，自一九七〇年上市以來不斷調查消費者的不滿意處，曾多達九次的改革（Renewal），才能持續確保得到消費者的眷顧。

4 囊括顧客和社會的行銷學

※對於一面倒的「追求顧客滿足」的批判和反省

在第二次世界大戰後，有一段期間以「實現顧客滿足來創造利潤」的行銷學基本思想，被人們廣泛地接納，可是近年來卻也出現了批判聲，難道追求顧客滿足就是公司唯一的行動原理嗎？例如面對下面的事態：

- 汽車製造廠商根據消費者的欲求，不斷地推出大型車，其結果導致石油能源的浪費及大氣污染。
- 由於考慮到消費者的方便而開發出不能再重複使用的（One Way）容器，使地球生態進一步遭受破壞。

人們才慢慢開始注意到，消費者意向姿態的短視性及從前行銷活動的反社會福利性。

※把「社會」觀點納入的社會公共行銷學的主張

●行銷學的眼光

一旦銷售下降而大傷腦筋時，應思考新對策，這時不但要顧及顧客之欲求，還要考慮把整個社會引入我方的對策中，並樹立起能期待社會一般支援的構想。

後來出現的消費者意向的理念瓦解之後，取而代之的是，**社會公共行銷學**（Societal Marketing）的基本思想。

社會公共行銷學，意謂著以實現下面二項為目標：

①達成顧客的滿足

②**社會福利**（即社會長期的繁榮）

考特勒（kotler）為此下的定義是：「其意圖要增進並保持消費者和社會的福祉，比起競爭之同業更有效率地提供標的顧客的滿足，這正是公司之義務。」

社會公共行銷學的想法，在今日被人們廣泛地認為是現代社會的企業所應該奉行之圭臬。

向企業學習

明光公司的裁紙機—紙屑的循環再利用—

明光公司是日本規模最大的裁紙機製造商，他決定要更改一向把裁下的紙付之燒毀的方式，而把紙屑交給製紙公司，在那再製成衛生紙，然後還給原來留下紙屑的公司。結果，不但木材資源能再度利用，而且製造出紙屑的公司能以比燒毀紙屑更少的成本來處理紙屑。

原來明光公司的構想是，以再利用紙屑來降低成本的效果作為背景，來促銷裁紙機。

5 以實現企業間的合作而引來顧客的滿足為意圖

※不再單打獨鬥，而改以企業間的合作來解決群體的問題

在現代社會中，已廣泛進行著透過有關之二家以上的**企業合作**方式，來解決公司的群體問題之趨勢。在以前之公司，一向採取著單靠本公司之想法和努力來解決問題之趨勢，但到了現代社會，有時是以提高商品的品質和供給原料的公司合作，或者是要改善商品的新鮮度而與運輸公司共同企劃物流系統等，以**解決群體的問題**為基本。

在今日為了要實現顧客的滿足，都要透過原料供給商、商品製造商、商品流通商、商品零售商之合作，具有解決群體問題之傾向。

※靠企業間的資訊網路實現顧客滿足

進入一九八〇年，有一種叫做**快速回應**（Quick Response）的商品供給系統頗受世人的矚目。以牛仔褲公司（Lee Vice）為例來加以說明。

・Siars 百貨公司（以電子相關資料交換網路〔ＥＤＩ〕把牛仔褲的銷

●行銷學的眼光

如果一家公司的目標訂為想佔得優勢，贏得競爭的話，並不能單靠自家公司的思考問題來解決問題，必須由該公司和有關的企業合作，共同想出能解決群體問題之系統。

售業績告訴 Lee Vice。

・Lee Vice 公司在得到 Siars 公司傳來的牛仔褲銷售量的同時，在隔天也以EDI向 Miriken 布料商訂購布料。

・隔天，Miriken 公司一方面向 Lee Vice 公司送出牛仔褲的布料，另一方面，透過EDI向杜邦（Dupon）公司訂購牛仔褲原綿。

・Dupon 公司根據 Miriken 公司以EDI傳來所下的訂單，第二天向 Miriken 出貨他所須之牛仔褲原綿。

這四家公司就是根據這一系統EDI（電子相關資料交換網路）迅速得到零售商的商品銷售消息，可以立刻供給商品，並迅速對應消費者的需要，降低流通機構內之庫存，以減少流通時之損失。從那裡可以看出透過**公司間資訊交換網路之運作**，實現了滿足顧客之行動，所以說，現在是靠公司群體間的資訊來解決實現滿足顧客的行銷目標。

向企業學習

統一超商(7-11)銷售便當的例子

統一超商(7-11)一向以出售新鮮度高的便當而廣受消費者的喜愛，原來統一超商開發出每天三～四次的運送便當系統，目的在使消費者無論何時到統一超商，都能買到新鮮的便當，而且為了避免因多次運送便當所產生昂貴的運輸費，又希望能以更少的運送成本把便當送出去，又可避免便當在店面中缺貨的情況，同時又能兼顧到賣剩便當的廢棄運送。此一運送系統由便當製造商、運送業者、統一超商的總部和各個加盟店這四者分工合作，共同設計而營運的。

6 以顧客為友的行銷學

※二〇%的顧客引來八〇%的銷售額

行銷學早在以前即提倡**上顎原理**（palate），而據此原理所展開之活動也最為有效。何謂上顎原理呢？這是一種經驗法則，認為公司八〇%的銷售額都是由排名前二〇%的顧客所創造出來的，如果此想法是正確的話，我們只要禮遇這些排名前二〇%的顧客，單靠提高這些顧客的滿足，即可確保公司大部份的銷售額，所以一家公司應該把行銷活動鎖定在上層的顧客才是。

結果卻產生了為消滅行銷活動的浪費、提高效率、重點式的優待排名在前的上層顧客的欲求之構想。

※重視顧客和公司之間的行銷學

近年來，出現了大型電腦記錄**顧客資料的數據庫**（Cusmton data base）（集中管理相關顧客資料之累積），以便管理顧客的動向，其意圖在於透過

●行銷學的眼光

當一家公司要想穩定地保持業績時，首要採取的對策是和排名在前的顧客建立好緊密的關係，禮遇這些顧客，給他們充分之滿足感的戰略。

顧客數據庫的整理，以獲得下面二種資訊：

・對公司而言，誰才是重要的顧客

・對公司而言，誰不是重要顧客

靠此資訊，公司即可根據上顎原理，建立起和重要顧客之間的緊密關係，再透過針對這些顧客所面臨之煩惱，由公司和顧客共同來解決之作法，帶給重要顧客充分的滿足感。這種靠著與重要顧客建立起緊密關係，以實現顧客滿足，在今日稱為「**關係行銷**」（relationship marketing）。

在關係行銷中與顧客之間保持最親密的關係又稱為「**伙伴行銷**」（partnership marketing），也就是把顧客看成是伙伴（partner），一面由公司向顧客提出充分的服務，另一方面和顧客共同解決煩惱的行銷方式，這不外是要以實現顧客滿足為最高的訴求。

向企業學習

資生堂的茶花會組織

資生堂一向進行各種促銷活動，例如，把購買本公司產品的顧客收納為茶花會會員，並禮遇這些會員，且建立起與顧客之間的緊密關係，對於完成顧客滿足之訴求非常有效。在過去許多企業紛紛參與化妝品市場，但大多挫敗，他們敗在無法與顧客建立強而有力的緊密關係。

第二章

決定企業去路的戰略計劃

什麼是戰略計劃

※由長期經營計劃而戰略計劃

現在之企業已被要求要訂定戰略計劃，他意味著該公司應策定能立即對應環境變化的企業活動計劃，而在從前比較受重視的，是根據臆測訂定長期經營計劃。但自從一九七〇年爆發石油危機之後，因為經營的環境隨時會有變化，所以策定長期計劃顯得不切實際，代而取之是強調戰略計劃的必要性。

在此說明戰略與戰術之間的差異性，根據經濟學家安索夫（Ansoff）認為戰略即是「意圖加強企業將來潛力的長期基本構想」，而戰術即為「想加強企業現在潛力的短期計劃」。

因此，戰略計劃意味著策定想提高企業將來潛力的長期基本構想。

※如何樹立整體企業之戰略計劃

想要策定整體企業的長期基本構想時，應先把企業內的各項事業按種類

●行銷學的眼光

當企業想提高經營效率，加強競爭對抗力時，不要想繼續維持所有的事業部門，而應拋棄沒有競爭力的單位，而把該投入之人力物力轉投資到有競爭力的事業部門去。

劃分為**戰略事業單位**（SBU、企業內的戰略策定對象事業）又如波士頓集團顧問公司所提倡的樹立如下的四種基本方針（請參看72～79頁）。

①屬於賠錢的（無論是市場佔有率或成長率均低）事業單位，乾脆裁撤掉。

②屬於問號（雖然市場成長率高，但佔有率偏低）的事業單位，應加強輔導，提高在業界內的地位。

③屬於暢銷商品（無論是佔有率或市場成長率均高）的事業單位，應加強現在的優勢地位為目標。

④屬於搖錢樹（市場成長率低，但擁有高佔有率）的事業單位，不要實施新的投資，只謀求維持現狀。

向企業學習

Canon（佳能）的戰略計劃

Canon公司所建立的目標是在一進入21世紀時，即要達到銷售額10兆圓日幣的規模。並根據山路元董事長所說的，其中可以靠①彩色數位影印機的事務機器，②印刷機等的電腦周邊機器，③相機，三種現有事業賺取5兆圓日幣，另外再靠，④強誘電性液晶，⑤光磁碟的裝量，⑥太陽電池三種新事業可賺得5兆圓日幣。由此可見這六個戰略事業單位的加強輔導，正是Canon的長期基本構想。

2 事業類別的戰略計劃

❄行銷之管理計劃

企業進行的行銷活動也算是經營（Management）的領域之一，它是由下面三種活動所形成的：

①策定計劃（Planing）

②實施（Inprovementation）

③結果管理（Control）

所以，不管訂定多麼出色的計劃，若缺乏實施計劃、體制準備妥當的話，還是行不通。另外在行銷活動結束後，若沒有好好分析行銷，更正錯誤的管理行動，仍是無法期待未來的成長。

❄建立事業類別戰略計劃的方式

有關於特定事業部門及特定商品（或品牌 Brand）的戰略計劃，可如圖

圖表 3　考特勒（kotler）列舉戰略計劃的過程

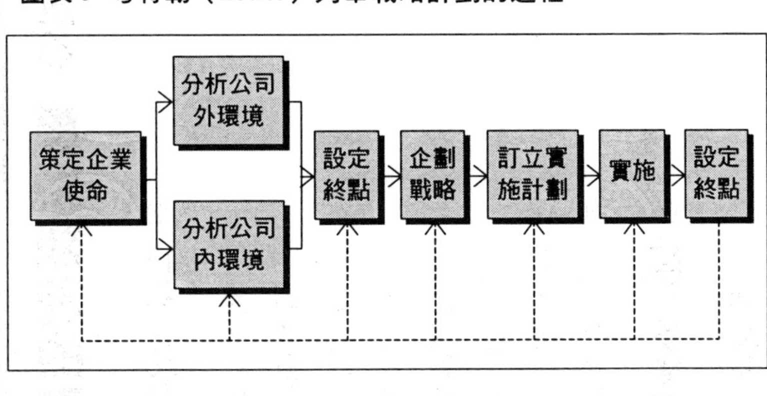

表3所顯示的，區分為以下四個順序而成立。

①分析公司內、外的環境及評估事業機會。

②明確規定特定事業部門或商品的目標（goal）。

③企劃有關該事業部門或商品的行銷戰略。

④訂立該事業部門或商品的行銷實施計劃。

在此說明**行銷戰略**和**行銷實施計劃**之不同：

・行銷戰略——顯示為何採取該行銷活動的基本構想。

・行銷實施計劃——表示什麼人在何地、何時、如何去做什麼事的計劃。

本田公司行銷改革時所見的實施計劃

本田公司把加強國內銷售力鎖定為戰略目標之一，因此訂定下列五項目為加強銷售實施計劃，分別是①增加營業員，②引進分區制度，③透過新車經銷商（經銷店 Dealer）把新車、中古車的顧客進行一貫作業管理，④新車經銷商的集中歸納化，⑤加強營業經辦人員的在職進修，並分別實施之。當部份的經銷商進行實驗後，無論是銷售額或利潤均有成長，因此不難看出實施計劃有多麼重要。

向企業學習

樹立企業活動的目標①（策定企業使命）

※以目標管理為企業經營之核心

所謂的**目標**即是規定企業活動之方向，而「目標」也就是指針。一個人本來就具有朝向目標而努力的本能，而設定目標對企業之經營有極為重要的意義。因此，**目標管理**活動之所以備受重視，即是要設定目標、鎖定企業活動方向，使每一個人的責任明確化，並喚起每一個人對工作之意欲，然後測定每人之業績，正確給予評估之活動。

在企業經營的目標又分為上游目標(企業使命)，下游目標(終點 goal)。

・企業使命——整個企業之去路（上游目標）。

・終點——為特定事業部門或特定商品所設定之具體面目標(下游目標)。

※在策定戰略計劃時不可缺的企業使命

訂定整體企業的戰略計劃時，首先非得策定企業使命不可。而所謂**企業**

●行銷學的眼光

當員工工作意願低落，導致銷售額和利潤都下降時，想提高員工的意願有如下三種方法：刷新使命的表現，讓每一員工懷抱美好將來的夢想，更改為可使員工高度肯定工作意義的內容。

使命是表明了企業活動之事業範圍（Domain），或企業所貢獻之市場（即顧客層），或是企業的存在根據（raison dietre）。

經濟學家杜拉卡（Dracker）曾說過，一個人只要自問自答下面的五個問題：①我是什麼樣的事業，②顧客是誰，③對顧客有價值的是什麼，④我的企業該何去何從，⑤我該創辦什麼樣的事業，將更容易設想企業使命。

此外，行銷學者利北特（Lebit）於一九六〇年所出的書『行銷學的短視論』中立論說明為什麼鐵路公司在進入二十世紀之後開始沒落，因為鐵路公司誤以為他的使命只是讓列車行駛於軌道上而已，並指出那也是該公司裹足不前，不敢向汽車或航空業進軍的結果所致。

因此，也可以說決定一家企業之存亡，端在於如何認識該企業之使命而定。

向企業學習

蘋果公司的企業使用

當 IBM 公司維持五十億美元的銷售額時，那時 IBM 的董事長雅加（Arker）表明該公司的目標是截至本世紀末以前，要達到一佰億美元的銷售額規模。可是以個人電腦大幅成長的蘋果公司所表明的目標卻是獨創一格，即：「蘋果公司的使命是毫無例外地人手一部電腦。」他表現出帶給世上所有人的生活徹底地革新。蘋果公司如此的使命表現，讓該公司員工產生出，貢獻進步社會為目標之認識，成功地喚起員工的工作意願。使命表現之重要性在於能設定獲得世人之支持，又能改善員工工作的意願為目標。

樹立企業活動的目標②（終點的設定）

※事業類別戰略計劃的目標

前面說過戰略計劃有二種類型，整體企業之戰略計劃的目標稱為企業使命，那麼事業類別（商品類別）之戰略計劃的目標又是什麼呢？他的目標即是**終點**（goal）。

若是事業類別戰略計劃時，要設定終點，就像三十一頁的圖表3所顯示的順序，須以①首先確認整體企業的使命，②接著熟悉公司內、外的環境變化，再進入第三的步驟，設定事業類別的終點，此終點意味著正確理解圍繞在公司內外環境的變化之後，再達成適合新環境的目標。

因此，該目標必須是具有可實行的意味，既務實且又明確表示出具體目標才行。

事實上終點必須由——

・銷售額目標

●行銷學的眼光

如果遇到企業經營沒有進展時，為了使員工從惰性的經營中甦醒過來，應設定可實現競爭優勢、有實行可能的終點，並使員工確信該終點實現之可能性。

・市場佔有率目標

・利潤目標

以上多數的目標所組合而成，所以雙方必須要整合，以避免相互矛盾。

※終點應該表示出「什麼時候」、「多少」

事實上嚴格說來成為具體面的目標終點，應以下面二項數字來表示：

①什麼時候實現（達成目標之時間）。

②達成多少（實現目標的量）。

人們以一九七〇年的石油危機為契機，提倡企業經營革新之戰略計劃，才開始重視實踐面的目標，而設定不同於抽象性之使命的概念，主張設定終點。

向企業學習　**豐田汽車的「RAV4」**

豐田汽車受到美國汽車的攻勢，被逼退出汽車市場，而考慮要以小型休旅車（Recration Vehicle）（RV）的範疇與鈴木汽車對抗，於是在 1994 年設定終點申明要推出比鈴木汽車更為強力的 2000CC引擎，價格也壓低到 159 萬日幣的「RAV4」休旅車。在這以前的小型休旅車「RV」的市場是以鈴木的「Escood」壓倒性的強勢誇耀世人的，但後來豐田汽車按照其設定的終點，開發出RAV4 分別以 2000CC對抗Escood的 1600CC，且以 159 萬日幣對抗Escood的 164 萬日幣。豐田汽車以達到此終點的態勢，廣受世人的矚目。

第三章

1 分析行銷機會
2 何謂行銷中大環境的主因
3 分析消費者市場
4 分析消費者的購買過程
5 分析企業市場
6 分析產業的競爭構造
7 分析和別的公司的競爭行動
8 預測顧客需求動向
9 行銷學中資訊制度的結構和角色
10 市場調查的方式

行銷學的分析方法

1 分析行銷機會

❄逮住企業環境變化中所引來的行銷機會

完成實行行銷活動的**經營人**（Marketing Manager）應該要有如三十一頁圖表3所表示的，在設定行銷終點之前要分析①圍繞在公司外的環境，②會制衡本公司活動的公司內環境，然後探知本公司面對什麼樣的**行銷機會**。

在第二次世界大戰之前，每一家公司都傾向於理解環境的自知之明，但從來沒有能充分分析、評估那環境中所引來的行銷機會。直到二次大戰後如經濟學家安索夫（Ansoff）所主張的受到①環境變化的頻傳，②環境變化速度加快的影響所及等二個主因，企業莫不對環境變化所引來的新行銷機會，寄與莫大的關注。

❄影響行銷的二項環境主因

影響企業行銷活動和業績（銷售額或利潤）的**環境主因**可區分為下面二

圖表4 考特勒（kotler）分析影響企業行銷戰略的主因

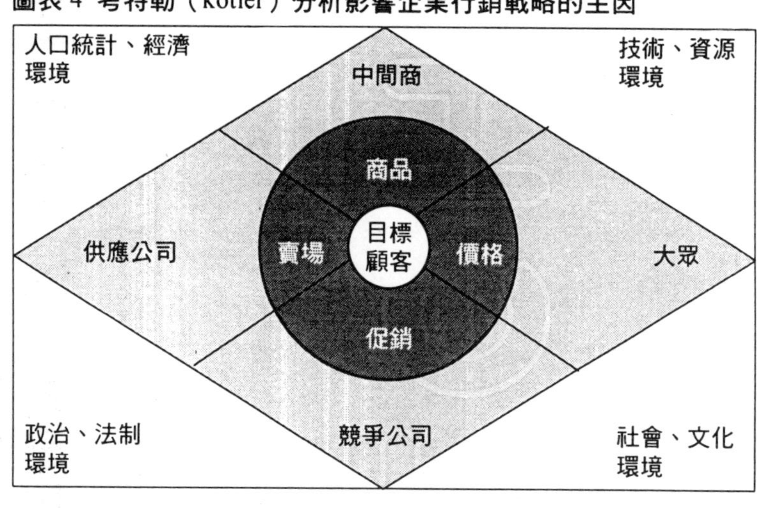

項：

①間接性影響企業經營是企業所無法控制的**大環境主因群**（例如一億二千萬人口，二％的國內總生產等）。

②直接左右企業行銷活動和業績的**小環境主因群**（例如強而有力的經銷商倒閉，或競爭對手的公司開發新產品成功等）。

西元二〇〇〇年的汽車

以前對汽車基本功能的要求是既要快速又要舒適，到了現代社會，那些功能已經不夠，進一步還要求不破壞地球自然生態，又安全等的功能。一般認為邁入西元二〇〇〇年的汽車應具備下面六個特徵：①擁有自動操控的駕駛系統，②體體輕，③使用可再生之原料，④高輸出之超低燃費的引擎，⑤袖珍型車身，⑥車內寬敞。我們可以理解這兒存在有新型汽車的行銷機會。

向企業學習

2 何謂行銷中大環境的主因

※隱藏在環境變化中新的行銷機會

雖然在石油危機之後，經營環境變化激烈，但對企業而言，危機即是轉機，我們應可理解到新的行銷機會於焉產生，但社會上有許多公司對環境的變化感到不悅，容易執著於老舊的行銷戰略，死守公司組織，反而與新的成長機會失之交臂，錯身而過。

一個現代的行銷經營人應負的責任，是從經營環境的變化中判讀出新時代的趨勢和新事業機會的存在，然後以環境變化為契機奠定行銷戰略，因此，可以理解環境變化正是顯現出新的機會。

※六種主要大環境的因素及其中的變化

下面說明行銷大環境的六項主要因素，及其產生之環境變化，他是與考特勒（kotler）前面的圖表4的表現有所不同。

●行銷學的眼光

當一家公司想創辦新事業時，首先是要察覺社會的變化，他必須根據人口統計、經濟、技術、社會等的觀點來判讀新的變化，然後探索出有無新事業的機會。

①**人口統計環境**（世界人口的爆炸，年齡層須求之差異，不同學歷的消費行動，昔日大家庭結構的瓦解、人口移動的地域，市場細分化的進展等。）

②**經濟環境**（國別收入結構之差異、國別消費行動之差異等。）

③**資源環境**（原料的涸竭化，能源、成本的上漲、污染的進度、政府對環保問題的角色變化等。）

④**技術環境**（技術變化速度的加快化、技術革新機會的擴大，國別研究開發活動的差異，加強對技術變化的規制等。）

⑤**政治環境**（法律限制的擴大，公益團體的成長等。）

⑥**文化環境**（根深蒂固的價值觀、負面文化主宰的消費行動，文化的變化等。）

向企業學習

日本 Secom 保全公司的成長

雖然日本 Secom 保全公司設立於 1962 年，距今只有短短的三十多年而已，但已成長為達到超過 300 億圓日幣的經常利潤的公司。他們參與的事業包括有處理電腦連線保全系統、居家安全事業、VAN 服務事業、急救醫療事業、居家點滴醫療事業等的多角化事業，而之所以會產生多角化事業結果的背景是：無論是公司或消費者均大力支持，就算付費也在所不惜，一定要確保安全的新價值觀。

3 分析消費者市場

※何謂消費者市場

市場（Marketing）意謂著三種涵義：

①在日常會話中的「市場」，指的是賣者與買主到此進行銀貨二訖的交易場所。

②經濟學上所謂的「市場」，意謂著賣者與買主聚集之抽象狀態。

③行銷學論上的「市場」，指的是潛在的顧客（買主）集團（例如年輕人市場是指成為潛在的青年人們的買主）。

在圖表4中表示影響行銷戰略的主因，在中間的**目標顧客**意味著瞄準潛在的買主層，並分析與行銷機會是環環相扣。

※消費者購物的主因是什麼

消費者一旦成為潛在性的買主層，在受到各種主因影響之後，才決定會

●行銷學的眼光

遇到消費者或顧客離本公司商品愈來愈遠，而銷售額卻沒有成長時，應重估在那一種社會階層，以什麼樣的家庭結構、生活模式、生活層次的消費者的目標顧客層為主。

購買商品。

在此時，會影響消費者購買行動之主因（即**消費者市場**的規定因素），有——

①種族之不同，所隸屬於不同的社會階層等的文化（Culture）主因。

②影響本人意見和行動的基因團體，或本人所屬於的家族之社會主因。

③包括本人之年齡或生活階層 Life stage（單身時代、新婚時代、生活周期 Life cycle 之階段）本人之職業、收入，本人的生活模式（Life style）及本人的性格等的個人因素。

④本人的需求（Needs）和購買動機，本人的知覺、學習、信念和日常態度等的心理因素。

有了以上各種的因素，銷售者即由上面各式各樣的因素，錯縱複雜地形成決定購買者意願。

向企業學習　**麥當勞出售 100 圓日幣的漢堡**

日本的麥當勞在 1994 年 9 月曾作過一個實驗，他以二週為限把以前賣 210 圓日幣的漢堡降為 100 圓日幣的促銷活動，結果和前年同期相比銷售了 18 倍之多。當時美國的漢堡一個賣 85 分，香港賣 60 圓日幣，因此，他們判斷因為日幣升值、經濟穩定之時，一個漢堡賣 100 圓日幣對於消減內外價差大有意義。從日本人的收入上來觀察，他們充分設想到把漢堡的價格降到 100 圓日幣，使銷售機會大幅成長。

4 分析消費者的購買過程

※刺激決定購買意願所產生的結果

於二次大戰後引進心理研究成果的行銷學論，認為消費者的商品購買行動，不外乎是受到某種來自外面之**刺激**，而對這個刺激所引起的反應。他們還解釋消費者所受到之刺激包括：

·企業之行銷活動（開發商品、推出專櫃、文宣廣告、設定低價等）。

·大環境要因（經濟、技術、政治、文化等要因）。

它們**反應**在消費者購買商品的欲意決定。有——

·選擇商品和品牌

·選擇購買的店鋪

·決定購買時期

·決定購買量

※消費者購買商品的過程——何謂AIDA過程

●行銷學的眼光

希望消費者能購買本公司商品時，首先要顧客知道本公司商品的存在，並持續對本公司商品有更好的理解，進一步進行採購本公司商品，如此實施刺激促銷之行動。

消費者從受到刺激到決定購買行動之間，經過什麼樣的過程（process）呢？要說明此，有一個想法是，一九二五年心理學者史特龍（strong）所主張的「AIDA過程」。他說消費者在購買商品之前會經過下面四個步驟（step）：

①首先注意到商品的存在（Attention）。
②持續對商品感到興趣（Interest）。
③進一步感到對商品的需求（Desire）。
④最後採取購買商品之行動（Action）。

根據上面之假設，企業為使顧客知道商品的存在而實施之活動。

向企業學習

青山貿易公司向銀座進軍

最近成為熱門話題，以削價促銷為先驅例子的是於1992年10月才開幕的青山貿易公司銀座分店，他們在小傳單說明以「最貴地段的場所，賣最便宜的男西裝」，於開幕頭一天準備尺寸齊全不超過三萬圓日幣的男西裝，當天店外排了一百多人的長隊。這種以傳單、電子廣告告知顧客商品的存在，而從AIDA的過程中即可明白，這是消費者購買商品的首要步驟（Step）。

5 分析企業市場

※企業是買主的企業市場

製造原料的企業，把原料賣給製造商品的企業，至於生產業務用品的企業，則把業務用品銷售給需要之企業。

當由企業成為買主時，那種**企業市場**是不同於一般的消費者市場，其特徵如下：

包括有：①買主人數少，一次購買量多。②買主一概集中於地理條件優之地段。③買主對商品具有專業知識，並透過公司組織政策採購商品。④買主在採購商品時不會重視價值便宜否。⑤當買主的採購人和賣主之間均有著緊密的關係，這點和消費者市場是明顯的不同。

※比一般消費者更為複雜的企業採購過程

消費者是根據個人的消費為目的，至於企業的採購動機則是以達到提高

●行銷學的眼光

如果一向是以消費者市場為對象的營運事業企業，在遇到銷售額陷入瓶頸，無法開展時，這時想打破瓶頸的方案之一，即是把企業改成為新顧客來檢討，看有沒有可使該企業採購本公司產品的可能性。

銷售額，或降低成本為目的。

其**採購過程**（Process）比前面的ＡＩＤＡ的過程要更為複雜，他的採購一向是採取如下的行動：

①先探知問題狀況。
②確認本公司的需求（Needs）。
③把本公司準備採購的商品規格明確化。
④調查那些可以提供預定採購商品的企業。
⑤建議並接受可以提供之企業。
⑥最後選擇準備提供之企業。
⑦使供給企業之交易條件明確化。
⑧最後評估本公司和供給企業之間的交易關係。

這種有關於企業和顧客行銷機會的分析，即是探索能找到如此之行動的採購企業，並檢討能建立交易關係之可能性。

向企業學習

東芝的開發汽車市場

東芝公司在很早以前和日本電裝公司共同開發用於控制燃料噴射的半導體，然後再把這個半導體交給豐田汽車公司，近年來又開發使用薄膜電晶體，彩色液晶電視機的汽車導向系統，同樣是供給豐田汽車。東芝的這種行動可以理解為開拓企業市場行銷機會的活動。

6 分析產業的競爭構造

※分析產業構造的七個觀點

所謂產業，意謂著提供類似商品的企業集團。

那產業的構造，可根據下面七個觀點來加以分析：

①屬於該產業的企業數目的多少。

②各個企業所提供之商品是否有很大的差別。

③參與該產業是否容易。

④脫離該產業是否容易。

⑤該產業商品主要的成本在哪裡（原料及運輸費）。

⑥該產業有沒有一條鞭的統合能力。

⑦該產業的商品有沒有以國際市場為對象呢？

※產業競爭構造的五類型

●行銷學的眼光

一家企業處在眾多競爭企業中，且競爭又激烈時，若想贏得競爭，謀得長期生存下去，可考慮領先下面二項：一是商品的專櫃或資訊傳達活動之領先；二是透過降低成本在價格上的領先。

這個產業構造和企業間競爭的結構有密切關連，再說**競爭結構**根據所隸屬的企業數目（即圖表4所說的競爭企業），和所提供之商品領先同業的程度等的觀點可分如下五種：

①**純粹獨立**（供給特定商品的企業，單獨只有一家，別無分店之狀態）。

②**純粹寡占**（由極端少數之企業，供應沒有差別之商品的狀態）。

③**差別性寡占**（由極少數的企業供給有差別之商品的狀態）。

④**獨占性競爭**（由多數的企業供給有差別之商品的狀態）。

⑤**純粹競爭**（由多數企業供給同一商品的狀態）。

透過如此的競爭構造的分析，我們即可探知行銷機會並加以評估，例如對於純粹獨占之場面時，他的行銷機會是封閉的，根本沒有參與的可能性。

向企業學習

朝日發售超辣啤酒

在過去的日本啤酒產業中，以麒麟（Kirin）的 60%市場占有率維持遙遙領先之地位，和其他三家札幌（Sapporo）、朝日（Ashahi）、三多利（Suntory）由此四家形成純粹寡占的產業。而且在那企業排名榜上被人們認為在短期內不可能改變的，想不到在 1987 年自從朝日推出超辣啤酒（Super Dry）之後，成功地大躍進，結果使麒麟的市場占有率下降，朝日後來居上而超越了三多利，確立了第二名的地位，從此，我們才知啤酒這一商品的差別也是你爭我奪，競爭激烈。

分析和別公司的競爭行動

※一家企業要贏得競爭該採取的行動是什麼

一家企業想生存下來，繼續發展，就要和競爭企業對抗並且贏得競爭。在**對抗競爭**時，企業該採取的行動整理如下：

①首先認識清楚哪一家企業是本公司的競爭企業。
②查證競爭企業的戰略。
③探知競爭企業所要達成的目標是什麼。
④審查競爭企業的優缺點。
⑤推測競爭企業會採取的對抗行動。
⑥應把競爭企業分成二類：一是需要一決勝負的，另一種是要回避對決之企業。
⑦一方面和競爭企業直接對決，同時還要以實現目標顧客的滿足為目標。

●行銷學的眼光

如果你想有效對抗競爭企業的話，應採取如下的步驟以確立自己公司的優勢，一方面要在本公司佔優勢之部門去競爭，同時另一方面採取攻擊競爭企業弱點的行動。

❄收集有關競爭企業資訊的工作

為了競爭而採取對抗行動時，企業必須收集有關**競爭企業的資訊**，並分析、評估那些資訊，然後對那些資訊適當地加以對應，因此，有如下收集資訊的方法：

①剪貼報刊雜誌上所刊登的有關競爭企業之記事。

②購買競爭企業所供給的商品，然後加以分析和評估。

③透過和競爭企業有交易往來的業者去收集資訊。

④雇用曾經服務於競爭企業的員工，並從他那兒打聽出資訊來。

⑤委託徵信社收集有關競爭企業的資訊。

向企業學習

星辰錶和精工錶的對抗行動

手錶業在1991年的銷售額，是以服部精工店的1688億圓為第一名，對抗屈居第二位的星辰錶的1058億圓。但現在星辰錶在手錶的生產數目上早已超越了精工而排名日本第一位，他本來贏不了精工錶的，但他從下面二項戰略著手：一是生產可創造高利潤並可期待大量生產效果的手錶驅動裝置，而在這一方面要比精工錶來得佔優勢；二是把全部精力鎖定在高級手錶的銷售上面，意圖創造利潤，後來該公司的手錶驅動裝置不但供應本公司的手錶使用，甚至還以OEM(Original Equipment Manufacturing)的方式為法國設計品牌的手錶中的驅動裝置為目標呢！

8 預測顧客需求動向

※先預測是哪一層級的需求呢？

企業想分析行銷機會時，應先看看在**目標市場**內有多大的需求，並測定該需求之大小。

事實上，屬於買主聚集的市場可分為下面五個層級：

①**潛在市場**（由對特定商品感興趣之全體人員所組成之市場）。

②**有效市場**（想採購特定商品之人所聚集之市場）。

③**適當且有效市場**（有資格採購特定商品又有意採購者所組成的市場）。

④**目標市場**（又稱為標的市場，也就是被設定為特定商品的銷售對象的人們所聚集之市場）。

⑤**滲透市場**（實際上採購特定商品的人們所聚集的市場）。

必須針對上面五種市場來預測需求，其中以潛在市場的市場規模最大，若有意立案並準確預定銷售時，應併用下面五項方法：①調查採購企業當局的銷路，②聽取行銷公司的董事長或推銷員的意見，③聆聽公司內外專家的聲音，④確認銷售情況，⑤分析計量等。

而滲透市場的規模最小。

❊預測需求的六種方法

在預測有效市場和目標市場等的將來需求時，到底有什麼方法呢？

當我們提到**需求預測方法**時，人們容易認為根據統計數理的方式是預測的唯一方法，其實不然。

在行銷學的領域裡，實際上使用的需求預測方法有如下六項：

①調查採購企業當局的預定購買量和銷售狀況。
②統計銷售企業當局派出的銷售員的預定銷售量。
③請教公司內、外之專家並聽取其預測。
④實際上進行事先銷售，並推測需求之大小。
⑤分析時間因素，把過去需求延長到將來。
⑥靠統計數字的手法製造出需求預測模式，由該算式計算出預測值。

向企業學習

邱比特公司削減商品的目錄

邱比特公司於 1989 年把 1 萬 800 項目的商品，削減到 1992 年的 4300 項目，在 1993 年秋天又進一步削減到 3500 項目。這家公司有何意圖呢？他之所以要削減項目是因可以進一步管理單項項目的資訊系統，且容易預測需求，並可期待改善預測之準確度。

9

行銷學中資訊制度的結構和角色

※何謂行銷資訊系統

行銷資訊系統意謂著為了要分析行銷機會，透過收集、分析、評估、傳達等得到行銷政策當局所須之正確資訊。而此一系統之登場，是為了要成為具備如下各種功能的結構，其目的是想克服企業經營之不確實性，包括有①收集公司內、外既有的資料和從市場調查得來的新資訊，②分類、保管舊有的資料，③加以分析適用於行銷模式的，④透過資源、政策系統來分析、評估，⑤適時的傳遞政策、資訊消息。

※行銷資訊系統有下列四個副系統

考特勒（kotler）提倡應該適當利用行銷資訊系統，如圖表5所示的，並說明該系統由下面四個副系統所組合而成的。

①公司內記錄系統（收集、分析銷售額、庫存等公司內的資料，也是最

圖表 5　考特勒的行銷資訊系統

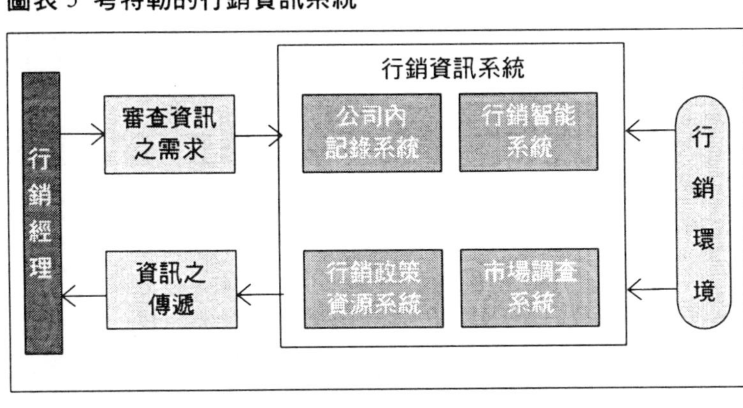

基本的資訊系統。

②市場調查系統（收集、分析公司外的資料並提出結果報告）。

③行銷智能系統（Marketing Intelligence Systen）（收集、傳遞整理過的資料，加工為有意義之內容的資訊結構）。

④行銷政策資源系統（Marketing Strategy）（支援行銷經理作出適當政策的結構，由數據庫和樣機庫（model Bark）組成。

向企業學習

On Word 樫山公司的派遣推銷員制度

樫山公司在成立製造商中是資優企業，而支撐著該公司好業績主要是靠如下的制度。派遣本公司的推銷員到公司主要交易對象的百貨公司去，每天打聽出什麼商品賣出多少的數據資料，再根據此一資料每星期訂定各個百貨公司的行銷對策，我們可以說除了樫山公司之外的零售店能每日打聽出本公司的銷售管道如何，真是絕少僅有啊！

10 市場調查的方式

※市場調查的順序是什麼

市場調查（Marketing Reserch）意謂著有系統地收集、分析有用於公司面的行銷狀況的數據和事實，而提出報告的活動。

市場調查是從一九一一年調查實行家巴林（parlin）所做的商品實況調查開始的，並按照如下的五個順序進行的活動：

①先探知調查的問題是什麼，才設定調查目的。
②調查計劃的立案。
③收集資訊。
④分析所收集的資訊。
⑤針對所發現的事實提出報告。

※在調查計劃中該檢討的五個課題

●行銷學的眼光

在調查顧客的欲求（Needs Dants），應該採取二個步驟 Approach 分別是，首先調查現有的資料，若沒有適當的現有資料，則以集體面談或實際調查的方法來收集資料，並加以分析該資料。

在市場調查之前，務必事先檢討該以什麼方法來實施調查工作。

在市場調查時該檢討的實施計劃可列舉出下面五項：

①審核**資訊收集來源**，到底要收集已公開發表之數據資訊（二手資料）或是收集尚未調查過的新資訊（第一手資料）呢？

②選擇**資訊收集方法**（例如：觀察法、集體面談法、實際調查法、實驗法等）。

③檢討**資訊收集手段**（問卷調查、或利用調查機器設備）。

④製作**樣本計劃**（有關樣本對象、樣本規模、抽樣順序的計劃）。

⑤決定**接觸方法**（接觸樣本時，到底要使用電話、郵寄、面談等的哪一種方法）。

向企業學習　**理光公司的普及型模擬影印機之開發**

影印機製造商的理光公司於1994年11月成功地推出普及型模擬影印機（spilio），他的開發費用才過去機種的四分之一，而且開發時間不過一半而已，當時他們決定要徹底收集顧客對現有的普及型影印機的申訴和要求等的資訊，其中包括有：①聽取顧客的願望有53件，②收集來自推銷員的資訊有39件，③收集來自經辦服務員的資訊有33件，而他們所採用的步驟是根據上述所收集到的資料，以10為滿分的評估表來評估對影印機的願望，接著從那些排行榜上前面的重要願望，最後鎖定為新的影印機的概念。

第四章

1 行銷計劃的構想
2 市場的細分化
3 設定標的市場
4 企劃混合行銷戰略

樹立行銷戰略

1 行銷計劃的構想

❆何謂行銷計劃

首先說明**行銷程序**（Marketing Program）和**行銷計劃**（Marketing Plam）之不同，對於有眾多商品的企業而言，全體之行銷活動計劃稱為行銷程序，至於針對有關之特定商品之行銷活動計劃，則稱為行銷計劃。

如圖表6所示的行銷計劃，由下面二項所組成：

①行銷戰略（有關行銷活動的基本構想）。

②行銷實施計劃（決定實施行銷活動方法的計劃）。

❆策定行銷戰略

所謂的**行銷戰略**即為了要在標的市場中達成行銷活動，所需要之企業構想的大綱和原則。簡言之，即是基本構想。自從一九五八年行銷學者霍克仙菲爾特（Ocsenfeld）提出行銷戰略的主張以來，一般認定其內容包括如下二項：

圖表 6　行銷計劃的體系

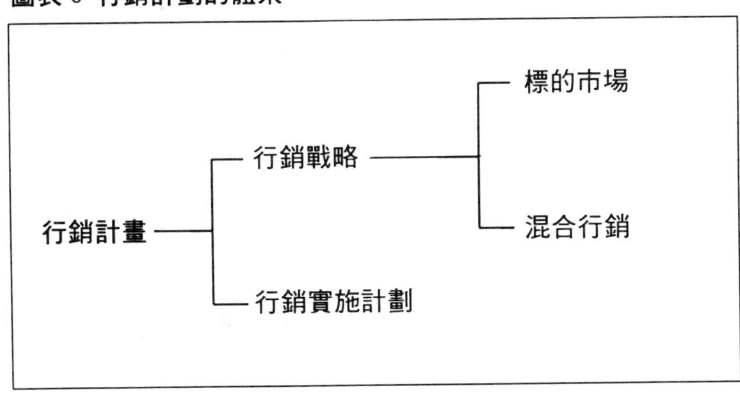

①標的市場（Marketing Target）瞄準焦點的買主層人們。

②混合行銷（Marketing Mix）投入企業的各種手段的組合。

以前的行銷方式是以大眾為對象，大量生產的商品，大量銷售的**大眾行銷**（Mass marketing）。

但現代的行銷，改為只向特定的標的（Target）顧客推銷之**標的行銷**（Target Marketing）。

向企業學習

漫畫雜誌的行銷戰略

一般週刊雜誌連排名第一的「文藝春秋」都賣不出一佰萬本的銷售額，想不到集英社的漫畫雜誌「週刊少年」雜誌，竟然賣出高達六佰萬本之多，而講談社的「週刊少年雜誌」也以大約三五〇萬本的銷售額誇耀於世。這些漫畫雜誌成功出擊的秘密之一即是混合行銷的戰略奏效，他們的企劃相當獨特，先鎖定標的市場，靠讀者問卷調查來更新漫畫故事，又可調節寄發書本的數目。

2 市場的細分化

❄市場裡聚集了各式各樣的人們

在經濟學的邏輯上，預估所有的買主均有同質性及同樣的意識型態，並且會採取同樣的行動。所以認為只要價格稍微調高，所有的買主一律不買。

可是到了一九五七年行銷學研究家霍爾達松（Olderson）卻把買主改看成不同質性、意識型態不同，及行動不同的人們集團。在此前提之下，才重組行銷學理論。到了今日，人們認為市場是由意識型態不同、行動不同，各式各樣的買主組合而成，並稱之為**市場的異質構造性**，而成為行銷學上根深蒂固的看法。

❄市場細分化的方式

既然市場是屬於買主集團由各式各樣的買主所組合的，那麼該市場當然可以細分為多數同質性的小集團。而那些同質性小集團的買主層稱之為**市場細分**

●行銷學的眼光

萬一在推銷商品過程中，顧客顯示出拒絕反應時，首先要審查這些拒絕的顧客是否為適合推銷的類型，因為顧客中一直有一群人顯示出拒絕反應。

（Marketing Segment），把全體市場細分為小集團稱為**市場細分化**（Marketing Segmentation）。

根據今天的市場細分化的戰略，首先實施市場細分化，細分買主層級之後再把焦點瞄向特定市場的細分，再以市場細分來設定標的市場。在一九五六年經過行銷學者史密斯（Smith）頭一個確認這個市場細分化的有效性。而市場細分化把市場細分如下：

- 地域性的細分化(北部市場、南部市場等)。
- 年齡別的細分化（年輕人市場、中年人市場、老年人市場等）。
- 家庭結構的細分化（單身市場、成家者市場、單親市場等）。
- 社會階層別的細分化（上流階級市場、中產階級市場、下層階級市場等）。

向企業學習

汽車廠商的市場細分化

以前的日本市場結構是由單一民族所組合而成的，且大多數的人們均屬於中產階級，在生活模型上有著同質性人們的集團。所以來自美國的市場細分化理論很難被日本接受，但儘管如此也有廠商把這一套理論照單全收，其中翹楚為汽車產業，各個汽車製造產商都實施了市場細分化，其內容為對年輕人市場推銷跑車，對高收入的人們推銷高級房車，對家人眾多，成家住戶市場推銷小型休旅車的作戰方略。

3 設定標的市場

※審核細分化的市場

在把全體市場化分為多數的細分市場（即少數買主層）時，必須先檢討該特定細分市場是否值得選為標的市場。如此的審核細分市場，稱之為**細分市場之評估**。而在評估細化市場時，是站在如下的觀點來評估的：

①該細分市場有沒有具備值得推銷之規模，此外該市場將來成長性大不大。

②該細分市場是否早已有力的競爭企業存在了。

③估計本公司的目標和經營資源，該細分市場是否適合推銷。

※瞄準特定市場（標的市場）

在評估細分市場之後，根據行銷戰略企劃下一步驟，是要選擇設定特定市場細分為**標的市場**。一般認為要設定標的市場時，有如圖表7所示的五個類型。

①向單一細分市場的集中化（另選一種特定的細分市場為標的市場）。

圖表 7　根據考特勒解說設定標的市場的五類型(M＝市場，P＝商品)

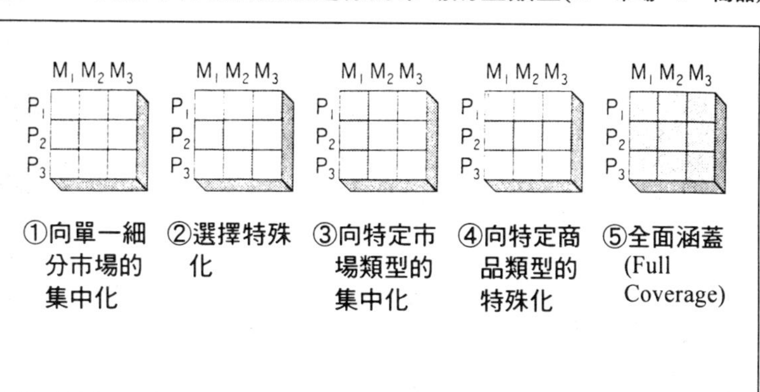

②選擇特殊化（選擇多數的細分市場為標的市場）。

③向特定市場類型的集中化（向特定市場推銷各種商品）。

④向特定商品類型的特殊化（向各種市場推銷特定商品）。

⑤全面涵蓋（Full Coverage）（所有商品，所有市場均當成銷售對象）。

向企業學習

旅館業的設定標的市場

被譽為日本旅館業首屈一指的大窗旅館（Hotel Ookura）一向是鎖定企業的菁英為標的顧客，並提供適當服務滿足其須求而獲得顧客很高的評價。另一方面的王子旅館（Hotel Prince）則瞄準一般大眾，他轉換為響應社會上廉價意向的服務需求。可見旅館業界能認清標的市場的設定，這也就是業務的出發點。

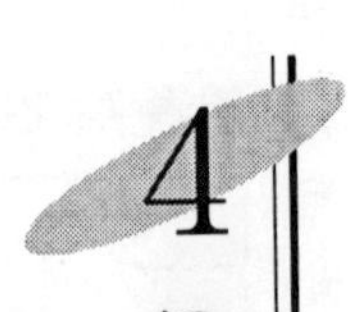

4 企畫混合行銷戰略

※何謂混合行銷

所謂的混合行銷（Marketing Mix），即是於一九四八年行銷學者寶登（Borden）所設想的想法，內容是當企業想獲得銷售額時，應操作多種的行銷手段，以最適合的方式來組合作企畫。

以前的經濟學一向認為是價格規定了需求，但根據行銷學上的規定需求（換句話說在企業看來即是銷售額）的重要因素絕對不是價格，還有多種的要因，並且認為最適當之組合才會使銷售額達到最大。

關於這個組合，在一九六〇年行銷學者麥加錫（Makassy）提出下面四個手段（稱之為4P）的組合，到今日仍廣泛地受到人們的支持。分別是：

①商品（product）

②價格（price）

③賣場（place）

④促銷（promotion）

圖表 8　4P 及各種混合行銷構成因素

	商品	價格	賣場	促銷
各因素	商品多樣化	櫃面價格	銷路	銷售促銷
	品質	折扣	商圈	廣告
	設計(design)	傭金(allowance)	備齊品種	外務員
	特徵	支付期間	地點條件好	文宣(PR)
	品牌商品(brand)	信用貸款期間	庫存	直銷(direcd -marketing)
	包裝		運輸	
	規格			
	服務(service)			
	保證			
	退貨			

※4P的涵義

混合行銷的4P原則是根據如下的想法：

①對於這四種行銷手段要一起使用，缺一不可。

②也不可支離破碎的使用這四種手段，唯有透過適當的組合，才可期待環境的合力效果（synergy）。

向企業學習

雪印乳業和杜爾（Dole）的成功

雪印乳業公司在一九八九年和美國最大的青果公司杜爾（Dole）技術合作向天然果汁市場進軍，當時企畫混合行銷的戰略內容是：

①在商品方面借助於杜爾的名牌。

②價格方面則訂得比競爭產品便宜十八圓日幣。

③賣場方面則利用冷凍（chilled）商品賣場。

④促銷方面採取大規模的文宣攻勢。

結果成功地獲得僅次於乳品業界第一的農協果汁的佔有率，成為業界的第二名。

第五章

1 鎖定基本戰略
2 賠錢貨戰略
3 疑問號戰略
4 暢銷商品戰略
5 搖錢樹戰略
6 市場滲透戰略
7 市場開拓戰略
8 商品開發戰略
9 多角化戰略
10 引導期戰略
11 成長期戰略
12 成熟期戰略
13 衰退期戰略
14 市場領導者戰略
15 市場挑戰者戰略
16 市場追隨者戰略
17 市場向隅者戰略
18 攻擊弱點戰略
19 成本領導戰略
20 領先戰略
21 集中戰略
22 牽成戰略
23 推進戰略

行銷戰略的基礎知識

鎖定基本戰略

※戰略有局面別的基本型

一家企業該推出什麼樣的行銷戰略，因企業個別置身之局面不同而異。例如有關競爭地位之**基本型戰略**容後再述，但按照競爭上的地位有如下的內容：

- 頂尖企業（排名第一的企業）……強化本公司堅強的活動。
- 挑戰企業（排名二～五名的企業）……攻向頂尖企業的弱點。

選擇行銷戰略時也應鎖定下面的基本戰略：

- 投資組成（partforio）戰略（參看本章2～5）
- 成長機會戰略（參看本章6～9）
- 商品週期（Life circle）戰略（參看本章10～13）
- 競爭地位戰略（參看本章14～17）
- 競爭對抗戰略（參看本章18～21）
- 促銷戰略（參看本章22～23）

圖表 9　企業戰略形式（formeat）例

			A 公司 a 商品的基本構想
基本型的戰略		投資組成戰略	
		成長機會戰略	
		商品週期戰略	
		競爭地位戰略	
		競爭對抗戰略	
		促銷戰略	
行銷戰略		市場標的	
	混合戰略	商品戰略	
		賣場戰略	
		促銷戰略	
		價格戰略	

❄行銷戰略的二個步驟

企業在構想行銷戰略時，有下面二個步驟：

①首先根據企業置身之局面，再考慮該選擇什麼樣的基本型戰略為宜。

②接著站在企業所面對之環境及想要達成的目標觀點上，練就市場標的是誰、該採取什麼樣的混合行銷戰略之具體面構想。

如圖表9所示的**戰略構想表之一**。

向企業學習

松下電器公司的「第二輪」戰略

家電業界的頂尖企業松下電器公司，一向採用「第二輪戰略」為基本構想，就算已開發出的新商品也不馬上推出，要等待別家競爭者的第一輪商品上市後，在確認這個第一輪商品市場成功時，就間不容髮地推出領先第一輪商品的改良品，立刻後來居上，超越第一輪商品的戰略。

2 賠錢貨戰略

※何謂投資組成戰略

一九七七年波士頓投資顧問集團曾根據市場成長率和相對占有率（shere）製作出如圖表10所示的矩陣圖（Matrix），他把企業的戰略事業單位（SBU）定位為四個類型，而主張各類型的基本型戰略：

①賠錢貨類型……市場成長率低，相對占有率也低的單位（SBU）。

②疑問號類型……雖然市場成長率高，但占有率卻低的單位（SBU）。

③暢銷商品類型……無論市場成長率或相對占有率均高的單位（SBU）。

④搖錢樹類型……雖然市場占有率高，但成長率卻低的單位（SBU）。

把企業所有的事業單位莫不分類於此四型中，而這種分類之戰略為**投資組成戰略**。

圖表 10　市場成長率、相對占有率的矩陣圖

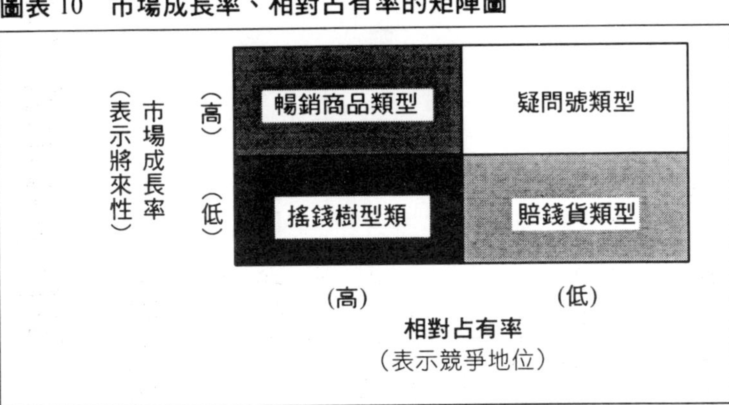

❄賠錢貨戰略的二種方法

屬於賠錢貨的事業單位，就是該事業很少成長，而且在他所屬的市場上，跟排名榜省的企業相比，本公司所佔的地位偏低，也就是從競爭中落敗的事業。屬於投資組成戰略的第一基本型的**賠錢貨戰略**，屬於賠錢貨的事業單位所要面對的，是由如下二種類型的戰略而成的：

①集中進攻間隙市場，以便該事業單位能實現市場成長。

②對於賠錢貨型的事業不再投資（甚至考慮撤出該事業）把資金改投向更有希望之事業。

向企業學習

日立造船公司的造船蛻變戰略

日立造船公司在一九八〇年遭受到空前的造船不景氣影響，被迫採取震撼企業體質面根基的蛻變，根據調查發現銷售額嚴重滑落，輪船部門的銷售額在一九八三年還有二四九六億之高，想不到在五年後的一九八八年降了六分之一，顯然輪船部門陷於賠錢貨事業僵局中，所以日立造船公司決定不再以重建輪船部門為目標，改加強培養將來可成長的事業部門，結果以都市垃圾焚化設施、產業廢棄物處理裝置、地區空調裝置等環保裝置部門的活動為公司的一大支柱。

3 疑問號戰略

※何謂疑問號類型的事業

在先前圖表10的矩陣圖中的四個類型，位於右上位置的戰略事業單位即是**疑問號類型**。

他的特徵有二：

①市場成長率高，為了要擴大事業需要龐大的資金。
②但相對占有率低，在競爭中落敗，創造利潤力也弱。

本類型之所以取名為「疑問號」，主要根據是到底把資金投入這個事業是否妥當，須仔細考慮所致。可是這一類型的事業等於是，雖在競爭中落敗，但毫無疑問對他將來的成長可有很大的期待，所以此一事業，現在的存在倒是一不爭之事實。

※疑問號戰略中的「？」長相追隨的理由

眼見該事業將來有可能會大幅成長，但目前的投資幾近於掛零，就應以別的事業單位調度多餘的資金，投向該事業，以備該事業將來之成長所用。

屬於投資組成戰略中第二基本型的疑問號類型事業的戰略（**疑問號戰略**），基本上在於投入資金、培養事業、提高其市場占有率、加強他對榜首企業的競爭對抗力。

可是，萬一對疑問號類型的事業投下他所必須的龐大資金時，到底那一事業能否加強競爭力、能否改善創造利潤都是疑問。而疑問號類型事業有下面二種出路可以考慮：

①如果競爭力明顯脆弱時，那麼不管投入多少資金，都等於是投入水溝中一樣的結果。

②但只要投入龐大資金之後，可明顯改善市場占有率，加強競爭力，那麼，該事業將會發展為暢銷商品類型事業。

向企業學習

麒麟的生物科技(Aqricultural Biotechnology)事業一

麒麟公司於 1982 年開始了事業多角化經營，而開辦了農業生物科技事業，銷售起蔬菜、水果、花卉、五穀的種子及苗。而當時美國早有強大的農業生物科技企業的存在，日本也有阪田公司等的大企業存在，在此情況之下，**麒麟**即是注目於該事業的將來性才重新向此進軍，這情況相當於投資組成矩陣圖中的疑問號類型事業。但正如**麒麟**公司本山前董事長所說的，**麒麟**公司想要打響國際知名度，並不是靠啤酒的知名度，說不定要靠農業生物科技事業呢！

4 暢銷商品戰略

❄何謂暢銷商品類型的事業

根據波士頓投資顧問集團所製作之投資組成的矩陣圖中，位於左上方位置的戰略事業單位，即為**暢銷商品類型**。

此類型事業所佔的範圍包括有：

①因為市場成長率高，所以是有希望的事業，可是為了事業成長需要投入龐大的資金。

②因為相對的占有率也高，在競爭上比起競爭企業更佔優勢，所以也能創造更多的利潤，也可自己賺取資本。

凡是有明顯的市場成長，且在競爭上佔優勢之事業，正代表著暢銷商品類型的事業。

❄暢銷商品戰略之注意事項

●行銷學的眼光

凡是在現階段上佔優勢地位，而且將來之成長率又有足夠之潛力的事業，應進一步標榜擴大市場及提升競爭力為目標，積極進行行銷投資為宜。

屬於投資組成第三基本型的暢銷商品類型事業的戰略（**暢銷商品戰略**），基本上為了不辜負市場高成長率之須求，應該要投入更多的資金，意圖謀求該事業之壯大，加強競爭優勢為目標。

結果等到其競爭地位更加提高，創造更大利潤時，能自賺資本，凡事自給自足。

此一類型事業需留意下面二點：

①只要該事業有需求，最理想是立即投入資金。

②但結果往往是挪用其他事業之資金，容易迫使其他事業為此而犧牲。

向企業學習

江崎Glyco公司製造出的Pocky(產品名)

糖果製造產商的江崎Glyco公司一向是以製造銷售Glyco，Bisco，Armond Chocolate(杏仁巧克力)等的糖果為主，但到了1996年開始發售Pocky之後，又陸續推出一系列的Pocky，有杏仁Pocky、草莓Pocky、維他Pocky、碎片杏仁Pocky、大理石Pocky、顆粒草莓Pocky，一系列Pocky整年的銷售額超過300億圓日幣，成長為江崎Glyco公司的暢銷商品。此一Pocky之所以成為暢銷商品，是因為他所採取作戰策略是鎖定標的消費者，在經過消費者調查之後，鞏固了商品的企畫，一方面透過銷售測驗來審核銷售方法，從各個地區的銷售步步為營，再慢慢擴大到全國的銷售市場所致。

5 搖錢樹戰略

❄何謂搖錢樹類型的事業

在波士頓投顧問集團所製作的矩陣圖中，位於左下方位置的戰略事業單位，即為**搖錢樹類型**。其特徵為：

①因為其市場成長率低，所以資金需求量少。

②但是相對占有率高，所以在競爭上比起競爭企業要佔優勢，且經營效率好，可以創造出更多的利潤，因此，還有多餘資金留下。

本類型之所以取名為「搖錢樹」，是因為他竟然還留有多餘的資金，而且他的資金需求量又少，使資本膨脹過多所致。

❄搖錢樹戰略的注意事項

屬於投資組成戰略第四基本型的搖錢樹類型的戰略（**搖錢樹戰略**），基本上就是集中投下多餘的資金，給最迫切需要資金的疑問號類型的事業，藉

●行銷學的眼光

雖然現在競爭上佔優勢，但卻無法期待將來之成長的事業，我們應該停止對他積極的行銷投資，而把得自於搖錢樹所賺來之多餘的資金，改投向將來可能成長之事業。

以加強疑問號類型事業的競爭力，使其轉變成為暢銷商品類型。

但是，搖錢樹類型的事業也有下面二項令人耽心的事項：

①可以考慮更加強本事業的競爭力，以賺取更多的利潤和資金。

②因為投給疑問號類型事業過多的資金，反而會削弱了本公司整體事業的競爭力，結果恐有淪入賠錢貨類型事業之危險。

向企業學習

花王公司的化學品事業

花王公司是以肥皂、洗潔精、化粧品等的消費品，令消費者所熟知之企業，但他本來是一家化學公司，一向生產高級酒精(乙醇)的脂肪酸、甘油及界面活性劑等產業用化學品的企業。其中所製造的高級酒精中的甘油和界面活性劑等，在日本排名第一，頗值得誇耀的，至於脂肪酸和香料也是日本排名第二的企業。而花王公司把從相對占有率高事業中所創造之利潤，改投入洗潔精、化粧品、紙尿布等令人注目之事業中，而實現了促使消費品事業之成長。所以這等於是花王公司擁有了化學品這個搖錢樹事業，並把從中獲得之利潤投向疑問號類型事業而成功之例子，我們可以理解到典型搖錢樹戰略之成功，正是花王公司的潛力所致。

6 市場滲透戰略

※也有可能靠現有商品和現有市場使企業成長

一九五七年經營學者安索夫（Ansoff）主張如圖表11中所顯示的四種企業成長的機會。而**成長機會戰略**是以企業成長為目的，根據其主張可分成四個基本型，其中以現有商品在現有市場的銷售方式，也有可能使企業成長，並取名為**市場滲透戰略**。

此企業成長的基本方策是靠市場滲透，主要是採用積極果敢的混合行銷之對策，也就是透過大量的文宣廣告，發行大量的優待券，及投入多數的推銷員，經由眾多的經銷商的組織化及大幅度的折扣等，向從前即購買本公司商品的顧客層，強迫推銷現有商品的方法。

※市場滲透戰略的三種方法

根據市場滲透戰略的目標方向，可分為下面三個類型：

圖表 11　安索夫分析成長機會戰略的四種基本型

	現有商品	新產品
現有市場	市場滲透戰略	商品開發戰略
新市場	市場開拓戰略	多角化戰略

①增加現有顧客使用現有商品的頻率和使用量，以實現銷售額的成長。

②把以前在現有市場（現有買主層）購買競爭商品的人們，轉過來購買本公司的商品，借以提升本公司的銷售額。

③使以前在現有市場上，既未購買本公司商品也未購買競爭商品的非用戶，來購買本公司商品，借以提升本公司的銷售額。

向企業學習

日本巨無霸九圓日幣沖印費

從前如果你到照相館委託沖印照片時，每張家庭版要二十八圓日幣，L型要三十五圓日幣的沖印費，但最近你看廣告招牌非常醒目，一張才要九圓日幣的沖印費。原來這是日本最大的專業沖印照片公司——日本巨無霸公司的廣告，而該公司和世界第三大的照片器材製造廠商 Agpha Gebelt 技術合作之後，才實現了超低價方式的沖印照片，把以前的二十八圓或三十五圓日幣的沖印費，一口氣降到九圓日幣，結果過去在富士或櫻花等廠商委託沖印之消費者，紛紛轉換品牌也是極其當然之事。而根據日本巨無霸之估計，他們靠照片沖印量一整年預估可成長三成，銷售額一整年成長二成。

7 市場開拓戰略

※透過市場之開拓以謀得企業之成長

安索夫（Ansoff）主張使企業成長戰略的第二基本型，即為**市場開拓戰略**。此一戰略是指即使商品和過去相同，也要開拓新市場和銷售額，以謀得企業之成長。

具體來說，即是透過下面的方法來提高銷售額的戰略：

- 使用新的媒體向新的買主層傳達資訊，藉以喚起購買慾望。
- 透過新的銷路來開拓新的經銷商。
- 發掘新地區的買主層。
- 開拓國內居住之外國人市場。
- 開拓海外市場。

※市場開拓戰略的四種方法

●行銷學的眼光

如果以前在當地是暢銷之商品，為了當地人口外移而變得賣不出去時，也應轉換市場到那些人遷移之新地區，或是到現在人群聚集最多之地區去銷售商品為宜。

市場開拓的基本構想，按照準備開拓的目標，可分成如下四個類型：

①要開拓雖然居住在同一地區內，但他的屬性和行動卻不同於以前顧客層的新的買主層。

②開拓在同一地區內，不同於以前顧客層的消費者市場或別的企業，工廠的業務用市場。

③開拓以前沒有銷售過的新地區的買主層。

④不只是國內市場，還新開拓海外市場的買主層。

因為在今日國界障礙已漸漸被消除之傾向，所以意圖開拓國際市場為目標的**環球行銷**（Global marketing）已受到人們肯定，且認為他是主要的市場開拓戰略。

向企業學習

富士全錄公司的向東南亞及大洋洲的市場開拓

自從1962年以來，富士全錄公司經過世界市場分割方針之檢討結果，只鎖定了六國一地區來開拓市場，分別是日本、韓國、台灣、菲律賓、泰國、印尼。至於新加坡、馬來西亞、澳州、紐西蘭等前大英聯邦國，一向是屬於蘭克全錄公司(Lank xerox)的範圍。但是在1990年富士全錄公司順利收買英屬四國的經營權，把東南亞和大洋洲整個市場納入經營商圈中。希望能進一步加快企業成長腳步，雖然92年度的銷售額6900億圓日幣，但到96年度可望成長到一兆圓日幣之企業成果。

8 商品開發戰略

※透過開發新商品謀得企業之成長

安索夫（Ansoff）主張之企業成長機會戰略第三基本型，即是**商品開發戰略**。他是指對於以前銷售市場（即買主層）提供新商品，透過商品的銷售謀得企業之成長。

而商品開發戰略是指：

・市場上已充分開拓完畢，無法再期待更多的開拓。

・不容易使本公司在市場占有率比現在更為提高了。

在此狀況時，要開發出符合市場需求的新商品，並把他推銷給現在的買主層，藉以提高本公司銷售額的戰略。為此必須發現具有新銷路潛能的新商品或改良商品的構想，並把它反應在具體的商品上，使其在商品化計畫的活動中，為不可欠缺之一環。

※商品開發戰略的四種方法

●行銷學的眼光

如果是固態依舊缺乏新鮮且漸漸失去魅力的舊商品，必須靠開發新鮮、新機能的新商品來取代舊商品，並以良好品質的訴求，喚起顧客的購買慾望。

商品開發的基本構想，隨著商品的開發類型，可分為下面四種類型：

①在形狀、大小、顏色方面領先現有商品，使商品外貌煥然一新。

②成功地推出具有和現有商品不同特徵，即具有新奇特徵之商品。

③在品質上改良現有商品，使其成為高品質的商品，然後再推出上市。

④不再銷售從前技術水準所製造之商品，改售根據新的技術水準所創新的商品。

此一商品開發戰略，容易讓人下意識地採取有**計畫呆板陳腐**戰略，即透過強調現有商品是過氣的、陳腐的印象，以便銷售新商品。雖然此一戰略能符合消費者的需求，但另一方面卻受到人們的責難，認為這些現有商品好好地，還可充分發揮功能，卻有意要廢棄他，其結果是增加社會成本，浪費資源。

向企業學習

可口美公司開發胡蘿蔔汁

以番茄醬、番茄汁或番茄加工製品為頂尖廠商的可口美公司，最近開發出胡蘿蔔汁「Carrot 100」，其銷售額大幅快速成長，根據 Carrot 100 的文宣中說明其含有 β 胡蘿蔔素，可增進消費者健康的功能，而挾著現代健康的熱潮使其銷售額成長快速，此一商品口感好，給人輕鬆開朗的感覺，很對女性和小孩的喜好，而廣受市場之支持和肯定。

9 多角化戰略

※透過事業的多角化謀得企業之成長

安索夫（Ansoff）主張企業成長機會戰略的第四個基本型，即是**多角化戰略**。他的意圖是對於企業從前沒有銷售的市場（買主層）提供新的商品，並透過銷售新商品來實現企業的成長。

此一多角化戰略，是透過企業展開不同於以前的活動，並靠它來創造利潤，說不定可以遙遙領先許多的戰略。但另一方面要在未知的範圍銷售不夠穩定、不知展望的商品，也被看成失敗機率頗高的戰略。

在企畫多角化戰略時，必須備妥如下二項條件：

①新市場是富有魅力，且能對企業提供很大的市場機會。

②同時企業已成功開發出具有競爭力之新商品。

※多角化戰略的三種方法

●行銷學的眼光

如果一家企業一向銷售舊商品給固定舊顧客，而其銷售額有漸漸朝下滑落的傾向時，為了要提高銷售額，應努力開發新商品，並努力向新的顧客層去推銷。

根據考特勒（Kotler）把這多角化戰略分類為如下三種：

①**同心圓性的多角化**（向新類型的顧客層推銷，活用現有商品技術所產生之新商品）。

②**水平性的多角化**（向現在的顧客層推銷，在技術上和現有商品毫無關連的新商品）。

③**複合企業（Conglomerate）型的多角化**（開拓出和現有的技術、商品、市場均毫無關連的全新事業）。

向企業學習

富士軟片公司的多角化行動

大日本賽路珞(Celluloid)公司的照片部門於 1934 年自組富士照相軟片公司。當初富士軟片公司是朝向照相軟片事業進軍的，接著參與使用軟片的相機事業，另一方面也參與活用軟片技術錄影帶和軟磁盤(floppy disc)事業，而展開了同心圓性的多角化戰略。最近又開發了融合電腦技術的 X 光照相技術，及開發了屬於醫療用的數位 X 光影相診斷系統的 FCR，更加擴大了同心圓性的多角化。我們可以理解該公司算是進行同心圓性多角化成功的典型企業，而其多角化的起點，正是照相軟片的製造技術呢！

10 引導期戰略

❄什麼是商品的壽命週期

在行銷學論的範疇中常會用到的概念之一，有**商品壽命週期**的說法，商品跟一個人的誕生、成長、成熟、老化是一樣的，商品如圖表12所顯示的，會經過下面四個階段。

- 引導期（商品上市的階段）。
- 成長期（商品銷售額快速成長的階段）。
- 成熟期（商品銷售額成長到極限的階段）。
- 衰退期（商品銷售額開始下降的階段）。

而根據商品壽命週期的戰略即是**商品壽命週期戰略**。無論銷售額的動向或利潤的大小，在商品壽命的各階段均不相同，所以，企業採取之戰略也應視四個階段而異。

圖表 12　考特勒解明商品的壽命週期

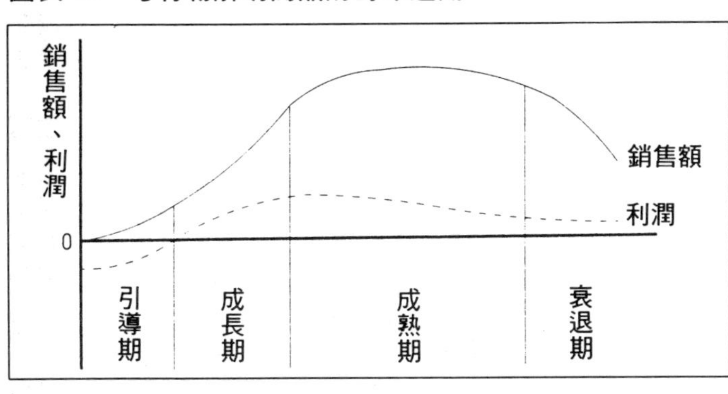

❄引導期戰略的二種方法

商品**引導期**該採用的戰略（**引導期戰略**）的基本型有如下二種方法：

①**速成戰略**（skimming）（有意讓少數買主層採購時，乾脆以高價出售）。

②**滲透戰略**（penetration）（為了緊抓著多數的買主層以提高市場占有率，乾脆以廉價來發售）。

向企業學習

東麗公司的新合纖西裝

從前的消費者喜愛的男裝材料為一〇〇%的純毛料，但後來在女裝的範圍中開始使用了多元酯系（polyester）的新合纖當材料，人們也注意到新合纖的品質特性包括有不起皺紋、質輕、又可在家中水洗等。結果在男裝方面也出現了使用新合纖當材料。在一九九二年春天，東麗公司和 On Word 樫山（人名）合作，決定發售春、夏天的西裝，並把價格設定在五～六萬日幣之間，因為一般低價位的男西裝賣二～三萬圓日幣，至於高價位的男西裝則要賣到十萬圓日幣以上，顯然他們的意圖是要以廉價提高品質的商品。

11 成長期戰略

※商品成長期的特徵

屬於商品壽命週期中第二階段的**成長期**，從前面圖表12中可以看得出正是銷售額快速成長，利潤也擺脫赤字，呈現黑字狀態的時期。

因為此一成長期是該商品明顯受到顧客支持之階段，而其他企業也大力生產、銷售該商品，另外多數的競爭企業也全都擠在一起了。

※成長期戰略的六種方法

在成長期時，市場會擴大，無論銷售額或利潤均會成長，所以為了能使本公司的市場能順利擴大，應採取企業商品壽命週期戰略的第二基本型的**成長期戰略**。

此成長期戰略可分為下面六種方法：

①**品質改良戰略**（改良引導期的商品品質，把高品質的商品推銷上市，

●行銷學的眼光

如果現在是該商品的成長期，且預測將來還會持續成長時，應積極展開促銷活動，提高該商品的市場占有率，並透過它來達成能進一步提升商品的競爭地位的目標。

有意擴大本公司的市場）。

②**商品多樣化戰略**（比引導期階段的商品種類更加豐富、多樣，透過這些具有魅力的商品來擴大本公司市場）。

③**新市場開拓戰略**（鎖定在引導期階段從未設想過的新市場，並透過那標的市場的開拓來擴大本公司市場）。

④**新銷路戰略**（透過新銷路的架構來擴大本公司市場）。

⑤**改變文宣戰略**（實施不同於引導期內容的廣告文宣，有意來擴大本公司市場）。

⑥**折價戰略**（為了開拓對價格敏感之市場，以降低價格來擴大市場）。

向企業學習

美農達(Minolta)的失敗

美農達在 1985 年發售自動對焦的單眼反光相機 α-7000 型，在當時以劃時代的新產品受到世人矚目。後來「佳能」、「理光」等的競爭企業也紛紛參與自動對焦單眼反光相機市場。然而美農達卻疏忽了應鎖定擴大市場占有率的戰略目標，結果等到「佳能」推出廉價、易操作的自動對焦單眼反光相機ＥＯＳ時，美農達的市場馬上被「佳能」奪走了。可見美農達如果想確保在引導期辛苦建立的本公司絕對優勢市場地位時，應在成長期採取擴大市場戰略才行。

12 成熟期戰略

❄商品成熟期的特徵

屬於商品壽命週期第三階段的**成熟期**，如前面圖表12所示的，具有到達銷售額之巔峰，並呈現出創造利潤到了極點或多多少少有下降之傾向。

雖然到了成熟期，其他競爭企業的數目也不再增加了，不過因為市場擴大期已宣告停止的結果，各公司為了要維持本公司和競爭者之關係，反而競爭變得更加激烈。所以，各公司想確保成長期中本公司市場的擴大，並維持市場占有率，另一方面想創造最大的利潤。

成熟期間實際上比圖表12所顯示的還要長，一般來說其銷售額會長期連續持平狀況，在今日幾乎所有的商品均位於成熟期的位置，而且那成熟期還會長年持續下去呢！

❄成熟期戰略的三種方法

●行銷學的眼光

如果該商品的銷售額已達到頂點無法期待成長時，要不要對它作更多的行銷投資，或只是支付能確保現在地位的經費而已，端看能從該商品創造出多大的利潤而定。

根據商品壽命週期戰略第三基本型是，**成熟期戰略**，考特勒（Kolter）將其分類為下面三種類型：

①**市場變更戰略**（為防止銷售額之減少，一方面努力發掘新顧客，另一方面開發商品新用途，並開拓出不同於以前市場之新市場）。

②**商品變更戰略**（為防止銷售額之滑落，得要求比從前商品更好之品質，比從前商品不同之特徵，而且還要製造出不同以前商品之外貌）。

③**混合行銷變更戰略**（為防止銷售額之下降，應進行變更商品價格、改變銷路、換新廣告、採用新的促銷手段、改善外務員的行銷活動、改善服務等）。

成熟期戰略的最大問題是在確定的規模市場內展開競爭，所以，所有的競爭企業均紛紛模仿別的企業的戰略優點，因此，想靠此一戰略內容來領先其他企業，也是很難之事。

向企業學習

大和精工的網球拍戰略

據說網球拍市場正處於成熟期的階段，本來於1986年銷售了120萬支，到了1990卻減少為100萬支而已。在一片不景氣中，大和精工的「王子」網球拍的市場占有率卻照樣成長，由1986年的7.1%占有率，到達1990年的21.5%。而大和精工之所以有如此出色的成長，是因為它能廣泛聽取打網球學生的心聲，並根據此企畫出適合他們的網球拍，然後把此資訊傳達到美國王子公司，製造出適合日本人的商品。而銷售所到之處還曾企畫舉辦王子杯網球大賽，如此努力促銷也是成功因素之一。

13 衰退期戰略

※商品衰退期的特徵

屬於商品壽命週期第四階段的**衰退期**，從圖表12中看得出，雖然是銷售額急速下降的時期，但利潤卻顯示出緩慢減少中。為什麼利潤不會快速減少呢？因為進入衰退期的企業會刻意削減經費之浪費。

進入衰退期之後，因為市場規模縮小了，競爭企業的數目也減少了。

※衰退期戰略的五個方法

一般人容易誤解進入衰退期的商品已沒有未來之希望，所以對於那商品不再需要行銷戰略，其實這是錯誤的。

針對衰退期之商品也應充分注意，有效地企畫戰略才對。

屬於商品壽命週期戰略第四基本型的**衰退期戰略**，有下面五種分類：

●行銷學的眼光

如果銷售額呈現下降趨勢之商品時，應停止積極地投資，努力降低成本，儘可能維持該商品之市場壽命，並努力從那商品事業中創造長期利潤。

①**加強投資戰略**（即使已進入衰退期，但為了確保本公司之競爭優勢，只要是值得加強價值的商品，仍應增加其投資）。

②**維持投資戰略**（逐漸衰退之市場，說不定會進入第二個成長期，所以暫時維持行銷投資之現狀）。

③**選擇性投資增減戰略**（例如一方面對某一顧客層削減其行銷投資，另一方面對別的顧客層依舊投資，如此有選擇性的增減其投資）。

④**創造戰略**（雖不再投資，但仍確保能創造之利潤）。

⑤**撤退戰略**（立即從那事業退出）。

向企業學習

紡織業的生存戰略

對紡織業而言，因為不需要先進國家的高科技，反而是需勞動力，所以日本在和東南亞各國競爭時落敗了，且情況是每況愈下走向衰退。在 1951 年代日本的五大企業鐘紡、東洋紡織、八幡製鐵、富士製鐵、大日本紡織其中三家紡織專業公司，如今正處於激烈的經營環境中。所以各公司莫不把自己公司的生存下一賭注，他們把工廠轉移到勞動力低廉的海外，並且採用把商品供給世界市場的環球戰略，這也算是前面說過的加強投資戰略之一。此外，各公司都採保守行動，對圈內工廠之設備不再投資，對無所事事之員工進行募集自願退職，這亦可解釋為創造戰略之一。

14 市場領導者戰略

❄什麼是市場領導者

凡在業界內擁有最大的市場占有率的企業，即叫做**市場領導者**，因為是在業界排名第一的企業，一般來說，在引進革新商品到市場來，占據銷路、滲透促銷活動、變更價格水準等各方面均領導業界內其他企業所致。

但對於排名第一的企業要在業界持續保持領先之地步，也絕非容易。因為有一些競爭企業可能會以開發革新的新製品為契機而大躍進，也有可能出現向頂尖企業案挑戰，而打破其所維持優勢之現況。再說市場領導者的企業隨著時間的經過，容易面臨到經營的僵硬化，或經營效率的惡化事態。

❄市場領導者戰略的三種方法

根據競爭地位的戰略（**競爭地位戰略**）首要是市場領導者戰略。也就是市場領導者（業界內排名第一位的企業）應採取之戰略，考特勒（Kotler）

圖表 13　根據競爭地位的企業業態類型與特徵

企業業態	業界地位	企業特性
市場領導者（Marketing Leader）	第一名	想維持業界第一名的地位
市場挑戰者（Marketing Challenger）	第二～三名	想把業界第一名的地位搶過來
市場追隨者（Marketing Follower）	排名在後	想維持現在的地位
市場向隅者（Marketing Nicher）	排名最後	想圖生存

曾主張下面三種想法：

①透過擴大現在的市場需要，以便自動創造更多的銷售額。

②向競爭企業採取攻擊或對於競爭企業之攻勢採取防備，以持續確保現在的市場占有率。

③透過向競爭企業的積極進攻，以便進一步提高現有的市場占有率。

向企業學習

豐田汽車新型轎車 Celtio 實質降低

豐田汽車於一九九四年十月把高級房車 Celtio 更改車型時，Celtio 規格A型車裝置了防止搖擺的四輪剎車系統，並以五一〇萬圓日幣推出。可是從前 Celtio 的主力車，即使是規格C型就要五八四萬圓日幣，所以如今換成規格A型車的五一〇萬圓的售出，等於是降價了七十四萬圓之多。其目的是意圖對抗汽車排名第二的日產汽車的高級房車 infinity，想擊潰其市場競爭力。

15 市場挑戰者戰略

❊虎視眈眈想奪魁的市場挑戰者

雖然在競爭地位上是業界內排名第二、三名，甚至更低的地位，但卻標榜成為排名第一的企業，其目標是向排名第一企業寶座挑戰的企業，稱為**市場挑戰者**。

此市場挑戰者企業容易採取下面二種正反的行動：

・攻擊排名第一的企業，藉著威脅其地位，相對地以提高本公司在業界內的地位。

・攻擊排名第四名以下的企業，藉著搶走排名在後企業的活動範圍，結果以提高本公司在業界內的地位。

至於任何進攻之行為對於市場挑戰者企業而言，對其改善市場占有率均有所貢獻。

❊市場挑戰者戰略的五種方法

●行銷學的眼光

凡在業界內排名二、三名的企業，為此要和排名第一企業正面對決，努力建立起業界內排名第一的地位，或採取間接威脅排名第一企業的戰略為宜。

此挑戰者根據競爭地位所採取之戰略，即是**市場挑戰戰略**。考特勒（Kotler）把挑戰者企業可能採取之戰略，列舉出下面五種類型：

①正面攻擊排名第一企業之正面對決型的戰略。

②側面攻擊排名第一企業之側面攻擊型的戰略（即攻向排名第一企業的弱點）。

③從各種角度攻擊排名第一企業之包圍攻擊性的戰略。

④不要直接攻向排名第一的企業。

・透過銷售不必和排名第一企業的商品競爭商品。

・選擇排名第一企業未進軍之地區去銷售。

・引進和現有商品無關之技術。

以上各種的作法，間接威脅到排名第一企業之迂迴攻擊型的戰略。

⑤時隱時現，意圖攪亂排名第一企業之游擊性攻擊型的戰略。

向企業學習

日立製作公司的家電戰略

日立製作公司的家電部門，從 1992 年以來連續三年落到營業赤字的地步，本來日立是家重機電很強而家電很弱的企業，但為了要克服家電部門連續赤字的窘狀，於是在 1995 年合併了日立家電公司，意圖透過有效地產銷合作的事業營運，使家電部門東山再起。原來日立的家電部門為了對抗家電業的領導者松下電器產業，所鎖定的目標為首先採取產銷合作的迂迴攻擊型戰略，然後謀得加強本公司的體質。

16 市場追隨者戰略

※追隨在領導者之後的市場追隨者

在業界內的競爭地位排名很低，根本不作挑戰排名第一企業之想法，反而是肯定排名第一企業的方針和活動，並採取想追隨（Follow）他的行動之企業，稱為**市場追隨者**。

而在業界內排名在後的企業，因為考慮到排名第一企業在變更開發新商品的價格時，需投入更多的投資，相對地所冒的風險也大，因此，特別容易作出最有利的判斷，即是追隨排名第一企業的方針和活動。

也就是只要追隨排名第一企業，就不必投入伴隨著研究開發新商品所需之資金，又可迴避掉所需冒的險，如此才可實現降低成本，強化收益力。

不單是如此，追隨者還想透過在追隨領導企業之作風中，學習到下面二個對策：

・有效地接近標的市場。

●行銷學的眼光

在業界內排名在後的企業，唯今之計應加強潛在的競爭力，並肯定排名第一企業的領導方針，一面追隨且累積收益為宜。

・削減商品製造、銷售之成本。

※市場追隨者戰略的三個方法

追隨者所採取的競爭地位戰略，即是**市場追隨者戰略**。

考特勒（Kotler）將其分成下面三種類型：

①採取和排名第一完全相同的方針和行動的完美（Crowner）型戰略。

②一方面拷貝排名第一企業的行動，另一方面在包裝、廣告和設定價格等各方面意圖領先的模仿者（imitator）型戰略。

③一面追隨排名第一企業的商品和行動，另一面意圖加以改良為其目標的適應者（Adoptor）型戰略。

向企業學習

三菱化學開發的醫學品

自從合併三菱油化公司，改名為三菱化學而重新開辦了三菱化成公司，在醫藥品的開發上面慢了一拍，也只擁有超過一百億圓日幣的商品而已，跟三共製藥公司超過一千億的高脂血症治療藥，和住友製藥公司的干擾素(interferon)製劑的 Sumiferon(藥名)也高達 480 億圓日幣相比之下，三菱化學在醫藥品業界既不是領導者，也不是挑戰者，只不過是追隨者而已。而現在三菱化學決定採取不同於領導者或挑戰者企業之戰略，把銷售的工作全部委任給其他公司(東京田邊製藥公司和日研化學公司等)，而專心一意地研究開發革新的新藥戰略。結果使三菱化學以較少研究開發費，成功地開發出新藥。

17 市場向隅者戰略

※瞄準間隙的市場向隅者

因為在業界內的地位是排名最後，快被競爭市場淘汰了，只好朝業界內其他任何之企業都沒有發現之**間隙市場**（Niche Marketing）進攻，意圖求生存之企業叫**市場向隅者**。

在實際市場上的顧客可說是非常多樣化，其需求也是多樣化的；而且顧客的行動也廣泛龐雜。為此，當一家企業鎖定特定類型的顧客為標的，專攻那一類型之顧客也不是不可能之事。在如此專門特殊化的結果下，事實上真有間隙市場的存在了。而市場向隅者進攻意圖是要贏得下面二項效果：

- 能更準確地探知間隙市場的顧客層。
- 透過研究間隙市場的需求，能創造更大的附加價值。

※市場向隅者戰略的三種方法

●行銷學的眼光

一家在業界內地位排名最後，經營上隨時可能出現破綻也不足為奇的公司，就應找大公司或中小企業沒有發現或根本不想進軍之間隙市場進攻，如此靠著朝間隙市場推銷商品，為事業繼續生存的目標為宜。

市場向隅者採取之爭得競爭地位戰略，稱為**市場向隅者**戰略，如考特勒（Kotler）說明可分為如下三種：

①創造間隙市場的戰略。
②擴大間隙市場的戰略。
③保護間隙市場的戰略。

只是市場向隅者戰略應在下列前提下才可成立：

- 擁有大到可把間隙市場專業化的公司規模才可。
- 間隙市場具備潛在成長力。
- 大企業對此間隙市場的存在毫不關心。
- 具備開拓和維持間隙市場的特別技術。
- 間隙市場的顧客對本公司應懷有好感。

向企業學習

小林製藥公司的清爽 Sawaday

小林製藥本來是家醫療藥品的批發業公司，還是一家製造銷售大眾成藥的老店，後來以水洗西式(坐式)馬桶的清潔商品廣泛受到世人注目，他們成功地開發了水洗西式馬桶專用的「清爽 Sawaday」、「Bluelet」的商品。即使人們不記得小林製藥公司的名字，也應知道「清爽 Sawaday」、「Bluelet」、「Polident」、「Odoiter」等的商品品牌。小林製藥公司是以市場向隅者戰略成功的企業。

18 攻擊弱點戰略

※對抗競爭戰略的四種類型

所謂的**對抗競爭戰略**，指的是當本公司向競爭企業挑戰時，所表態的基本構想。到目前為止，前面所提出的爭奪競爭地位戰略，均按照自己公司所佔之競爭地位而該採取的競爭行動戰略。但下面所要說明的對抗競爭戰略，即是向互相競爭之對方所採取之戰略。

雖然於一九八〇年經營學家寶特（Porter）所主張的三種競爭戰略基本型很有名，不過筆者卻也想採用一九七九年所成立的，波士頓經營投資顧問集團的創辦人，亨達遜（Henderson）所主張的**攻擊弱點戰略**，而成為對抗競爭戰略中的一項，如圖表14。因為唯有改向競爭企業的弱點的攻擊弱點戰略，才是最起碼能定位對抗競爭基本構想的原起點之戰略。

※攻擊弱點戰略的四種方法

圖表 14　對抗競爭戰略的四種類型

主張者	對抗競爭戰略的類型
亨達遜（Henderson）	攻擊弱點戰略
寶特（Porter）	成本領導者戰略 領先戰略 集中戰略

本公司為了對抗競爭並取得優勢，應展開一次對本公司有利之競爭，並攻向競爭企業之弱點，削弱競爭企業之競爭力為宜。

至於攻向競爭企業的弱點，也有下面四種基本的模式：

①考慮採用對競爭企業不利的方法去競爭。

②事先攪亂競爭企業，然後向他挑戰。

③朝競爭企業無法參與之市場或商品範圍進軍。

④打碎競爭企業參與的意志，使其知難而退，本公司才進軍。

向企業學習

日本反斗城（Toysrous）的參與戰略

一九八九年世界最大的玩具專賣店反斗城和日本麥當勞合資設立了日本的反斗城，向日本市場大舉進軍。第一家店於一九九一年開張，據說一九九二年的銷售額高達一三〇億圓日幣，遠遠超過當初預定的六十億圓的二倍之多。而日本反斗城的市場參與戰略是，攻擊日本玩具店的弱點。

①相較於日本玩具店的項目才八千種，日本反斗城的項目多達一萬五千～一萬八千種，種類非常豐富。②價格也比日本玩具店便宜二〇％左右。

19 成本領導者戰略

※靠價格競爭的典型競爭戰略

提到競爭，一般經濟學認為競爭應以價格為標準。

以前，認為競爭時以價格為標準，才是最典型的戰略。例如，別家店廉售商品，另一家也競相削價，避免顧客的叛離，以價格為標準的典型競爭戰略。

企業為了**價格競爭**，必須透過下面三種方法來降低商品價格：

①降低商品本身的成本。
②減少商品行銷的經費。
③削減配給商品的管理費配賦額。

也就是說，價格競爭的前提是削減成本（原價或費用）。

※成本領導者戰略的五種方法

●行銷學的眼光

一家企業想展開和別家公司有利之競爭時，基本戰略之一是透過降低商品價格來吸引顧客的方式，為此還要節省各種浪費，並削減經費。

經營學者考特勒（Kotler）主張對抗競爭戰略的首要，是以本公司開始領先削減成本，降低商品價格來對抗競爭的方式，取名為**成本領導者戰略**。

為了要實現考特勒所說之戰略，可粗分下面五種方法：

①透過大量生產、銷售來降低成本。
②利用經驗曲線效果來降低成本。
③透過嚴格品管來降低成本。
④排除和無效率顧客之交易關係來降低成本。
⑤節省研究開發、提供服務、外務推銷活動、文宣廣告活動之浪費來降低成本。

向企業學習

鈴木(Suzuki)的成本降低戰略

在整個汽車業界中，雖然鈴木算是排名在後的企業，可是在小汽車的部門上，卻是斷然佔優勢地位。雖然是一片不景氣聲中，可是鈴木的R型 Wagan 越野車的銷售額卻明顯大幅成長。為什麼R型 Wagan 會成功呢？原來一台的售價才 79 萬圓日幣，簡直是破天荒的超低價格。之所以能設定如此低價的秘密，在於鈴木能徹底的降低成本，比起以降低成本著名的豐田汽車還要低價。

例如：零件材料費率——豐田的 76.6%對鈴木的 73.3%。而鈴木透過零件共通化，零件製造廠商的再編，及削減事務部門的業務等，才得以實現汽車業界內第一的低成本。

20 領先戰略

※除了價格之外還有別的競爭手段

根據行銷學論的主張，這是與經濟學不同的看法，當初行銷學就很重視除了價格之外，別的競爭意識的手段。

全部以價格為標準的競爭，其商品價格會愈降愈低，企業將很難確保利潤，所以，行銷學才討厭那種削價競爭的狀態發生。

因此，行銷學論列舉出下面四種手段，並主張適當驅使他們去推銷。

・商品（product）　　・賣場（專櫃銷路）（partfloor）
・價格（price）　　・促銷（promotion）

其中的商品、賣場、促銷等三種，意味著**非價格競爭手段**。

※領先戰略之多樣化

●**行銷學的眼光**

遇到不願意在價格競爭中削價，一面想創造利潤，另一面又想展開與其他企業有利之競爭時，應採取非價格競爭，以實現在商品、賣場、促銷的領先手段為宜。

寶特（porter）主張對抗競爭戰略第二的**領先戰略**，是把商品、賣場、促銷用於競爭，當然其中不可缺的是本公司的商品、賣場、促銷，要優於競爭企業的商品、賣場、促銷。

所以，對於非價格競爭手段的領先優勢要建立在領先上，而成為非價格競爭之焦點。

此領先戰略又分類為下列三種類型：

①在商品外貌、特徵、品牌形象上領先。

②在商品銷路、物流方式上面領先。

③在商品廣告、文宣活動及促銷活動上領先。

向企業學習

城南合作金庫的領先行動

金融業界一向被看成是最保守的業界，任何一家金融業界都忠實服從大藏省(經濟部)的行政指導，且易與別家銀行取得同一步調，可是唯有城南合作金庫認為那種保守作風無法使本公司大躍進，所以開業界之先鋒，積極著手領先化。例如採取下面獨特之行動：

- 把週末假日的ATM．CD的作業操作時間延長到下午7時(1990年)
- 引進獨特的短期、長期最低利率(Prime rate)(1991 年)
- 使用經銷方式處理信託業務(1994 年)
- 舉辦有獎定期存款的活動 (1994 年) 。

21

集中化戰略

※集中全力投入以獲勝之戰略

十九世紀德國普洛士的軍事學家克勞維茲（Clause Vitzs）曾主張為了使本軍隊展開有利的戰鬥，應把本軍隊的戰力集中投入於特定的戰鬥中為宜。長久以來，我們可以理解到在軍隊用兵上強調集中投入戰力的說法，當然反過來分散投入戰力是不理想的。

在行銷學上認為和軍隊用兵也一樣，要對抗競爭並且贏得勝利，應把自己擁有的經營資源集中投入特定部門，稱為**集中化原理**，二家企業在競爭時，使用同一種手段，能大量使用這種手段（或製造出強大震撼力）的企業，在競爭中才容易獲勝。

- 大量廣告的企業。
- 文宣廣告少的企業。

以上二家企業在競爭時，前者容易吸引到顧客是不喻自明。

●行銷學的眼光

如果想和競爭企業競爭時佔得有利地位的話，必須要保持對抗競爭企業的充分競爭實力，以集中投入本公司所保的經營資源於特定部門，此意圖為謀得強化本公司之實力。

※集中化戰略的三種方法

寶特（Porter）主張對抗競爭戰略的第三方法是，**集中化戰略**。

而集中化戰略又可分下面三種：

①對特定顧客集中投入行銷活動，以鎖定標的市場。

②只集中推銷商品中的特定商品而已，鎖定銷售商品。

③只是集中向特定地區的買主，鎖定銷售地區。

向企業學習

住商 Otto Felsant 的鎖定標的顧客

在 1986 年德國 Otto Felsant 和住友公司合資設立了住商 Otto 通信郵購企業，在 1992 年度的銷售額竟然高達 16.9%的大幅成長，相形之下 Seciel 公司才 3.1%，武藤的 2%低迷成長。其實是因為住商 Otto 實施設定標的顧客之不同所致。其中還包括：

・大通信郵購企業——不分職業、年齡把範圍廣泛的消費者通通鎖定為標的顧客。

・住商 Otto——凡年齡從 25 歲到 40 歲的都市主婦、職業婦女、或女性職員(office lady)均鎖定為標的顧客。

而住商 Otto 實施鎖定標的顧客戰略的結果，更能準確選擇商品，且對於顧客管理也充分落實，因而獲得良好的業績。

22 牽引戰略

※以廣告來吸引顧客的牽引戰略

如果從主要促銷手段向消費者推銷商品，可分成下面二種戰略（如圖表15）

①主要靠廣告來推銷商品的戰略（牽引 pull 戰略）。

②主要靠外務員推銷商品的戰略（推進 push 戰略）。

pull 即是「牽引」，凡由消費者指定，是靠消費者的牽引才賣出商品的方式叫做**牽引戰略**。例如，運用大量廣告易於發揮威力的消費品，尤其是近銷品（參考一二二頁，即消費者想在附近零售店方便購買，差別少的商品），就是最適合牽引戰略的商品。

※牽引戰略的二種類型

屬於第一基本**促銷戰略**的牽引戰略，如要刻意加以區分的話，可分為下

圖表 15　促銷戰略的二種類型的內容

	牽引戰略	推進戰略
訴求手段	以廣告為手段	以外務員為手段
訴求對象	消費者	消費者、產業用戶
訴求者	以廠商為主	以流通業者為主
採購過程	由消費者指定，購買從廣告中得知之商品	由消費者，或用戶購買流通業外務員所推薦之商品

面二種：

①使用大眾媒體（如電視、報章雜誌等）的類型……包括有靠電視的牽引戰略，雜誌的牽引戰略，報紙的牽引戰略等。

②根據標的顧客的特定性，及不特定性的類型……對於特定顧客的牽引戰略（靠郵購直銷），對不特定顧客的牽引戰略（靠大眾傳播媒體）。

在過去對於顧客相關資料尚未整理之時代的牽引戰略，大多是以對不特定顧客的戰略為主，但如今已進入整理好顧客相關資料的時代，則牽引戰略的主流轉移到以特定顧客為對象。

三共製藥的牽引戰略

三共製藥公司自古即是以牽引戰略奏效的企業。他在一九五年推出一名叫「RuRu」的感冒藥，並以「打三個噴嚏，吃三粒 RuRu」的文宣，廣為全國消費者熟知，到目前已成為銷售額超過一百億圓的暢銷商品。

此外，於一九八八年發售的含維他命迷你口服液「Regaim」也是靠著「你能打二十四小時的戰？」的文宣風迷一時，成長為整年超過一百億圓的暢銷商品。

向企業學習

23 推進戰略

※靠外務員的力量所執行的推進戰略

所謂的「Push」即是「推一把」之意，賣主的這一方以強迫的方式向買主推銷商品，最後使顧客購買的戰略即是**推進戰略**。其主要是利用促銷手段之一的外務員（售貨員）。

先前牽引戰略是以消費品（尤其是近銷品）為主，但另一方推進戰略是以對象商品為主，又分下面二種：

・生產品。

・消費品中的泛用品或專用品（參看一二二頁）。

推進戰略是指，買主透過外務員具有專業知識的說明後，充分了解那商品，而決定購買。

所以，推進戰略的賣主有二種：

・生產品的賣主……批發企業的外務員。

●行銷學的眼光

一家企業想要在顧客不指名採購商品狀況下來推銷商品時，他應加強外務員的促銷活動，包括有：製造推銷員會見顧客的機會，向顧客適當說明商品，並技巧地推薦商品。

・消費品的賣主……零售企業的外務員。

另一方面推進戰略的買主也有二種：

・生產品的買主……產業用戶(user)。

・消費品的買主……消費者。

❊推進戰略的二種類型

生產品和消費品的商品採購過程是顯著不同的，其推進戰略也各不相同。如果要刻意把消費品的推進戰略分類的話，可分為下列二種：

・由零售業的外務員，所執行的推進戰略。

・由戶別訪問的外務員，所執行的推進戰略。

向企業學習

日本百貨公司所面臨的問題

當我們在百貨公司購物時，接待消費者、進行商品說明、推薦商品的售貨員，大部份都不是百貨公司的員工，而是向百貨公司提供商品的提供業者所派遣的售貨員。例如，以製造大衣和女裝有名的三陽商會公司，一共派遣了 4400 名的售貨員到各大百貨公司去，他們的人事費用由三陽商會全額負擔。可見在百貨公司的專櫃賣場中的售貨員，有八成到九成都是提供業者所派遣的人。而日本的百貨公司雖然是營運零售業，但是只投下少許的本公司員工從事於接待顧客和推薦商品的活動，這就是日本百貨公司所面臨的一大問題，可見得百貨公司經營基礎的脆弱性，在於派遣售貨員制度。

第六章

1　何謂「商品」？
2　新產品的開發
3　消費品和生產品
4　何謂商品結構？
5　以品牌來區別商品
6　服務也是商品中的一種

行銷結構戰略(1)

——商品戰略

1 何謂「商品」？

※行銷手段中的「商品」是什麼

在行銷論中一向主張行銷的行為有商品、價格、賣場（銷路）、促銷等四種主要手段。根據我們所理解的，其中最重要的手段是商品。

在以前一般認為**商品**指的是眼睛看得見、手能觸摸得到的有形物體，但自從一九六九年考特勒所主張的商品概念，得以擴張後，對於商品的認定有如下幾種：

- 有形物體。
- 服務（例如，旅館所提供之休息、睡眠之功能）。
- 場所（例如，京都等的觀光勝地）。
- 組織（例如，童子軍聯盟「The Boy Scouts」等的團體）。
- 構想（例如，戒煙思想）。

所以為廣義的商品下一定義時，商品可說是：「向市場（即買主）提供，

圖表16　以旅館（Hotel）為例的商品構造

商品的層級	Hotel 的例子
1）基礎面的方便	提供休息、睡眠。
2）基本面的方式	對顧客提供房間。
3）受期待之特性	提供乾淨之臥床、肥皂、毛巾、電話、衣架及家俱。
4）附加之方便價值	提供電視、洗髮精、盆花、餐廳、房間服務。
5）討人喜歡之功能	提供枕邊糖果、水果、閉路電視。

能滿足買主需求和慾望的東西。」

※一個商品具有五個層級

考特勒曾主張商品的構造如圖表16所示，由五個層級所形成的，其中最根本的骨幹是**基礎面的方便**（Binefit），以旅館（Hotel）為例，其基礎面的方便是提供休息、睡眠的功能，而買主之所以肯付錢，是因為有此基礎面的方便所致。

向企業學習

法蘭西床的醫療支援床

以前老年人，一向是喜歡睡在自己的腳可以落到地板上一般高度的床，因為睡這種高度的矮床，老年人們才可以安心地入睡，可是對於那種高度的矮床，一般醫護人員除非是彎腰蹲下，否則無法看護老年人，其缺點是容易引起醫護人員的腰酸背痛。後來在一九九一年法蘭西床開發出在看護老年人時一觸即動（One touch）的垂直升降的新型床，取名為醫療支援床。雖然其中的高級品價值高達四十七萬圓日幣，但仍受到消費者的支持，而有大幅成長。

2 新產品的開發

※企業為何需要開發新產品呢？

一般企業都會開發新產品，並透過新產品的上市來開拓新顧客層，使銷售額成長。只要是企業的新商品，都叫做**新產品**。

為什麼企業要開發新產品呢？理由如下：

①顧客已厭倦了現有的商品，正期待新商品的出現。
②在激烈競爭的結果之下，現有商品已陳腐化，漸漸失去創造利潤的能力。
③而所開發之新產品，已成為企業創造附加價值的主要來源之一。

若想開發新產品，企業可採取的方法包括：

・由本公司研究部門所開發的新產品。
・向開發新產品的別家企業購買製造、銷售的授權。
・合併吸收開發新產品的別家企業。

可見本公司的開發並非唯一之途徑。

●行銷學的眼光

如果一家企業想透過開發新產品來開拓新市場，而偏偏新產品的研究卻沒有進展時，可以考慮合併開發工作很不錯的中小企業，把其研究成果引進本公司。

❄企業內開發新產品的順序

要在本公司內開發新產品時，根據考特勒所主張的，有如下五個步驟：

①創造及篩選有關新產品的構想。

②開發新產品的概念（新產品的商品構想）及進行該概念的測驗。

③企畫新產品的行銷戰略及分析戰略之事業化。

④試作商品及商品之銷路測驗。

⑤商品的上市銷售。

向企業學習

Uni・charm公司的「Moony Man」

在日本紙尿布市場上有 P&G、花王、新王子製紙、大王製紙等公司互別瞄頭，並展開激烈的商品開發競爭。在其中的Uni・Charm公司在 1992 年開發出一種新產品，他是可以讓小寶寶站著換尿布的「Moony Man」（內褲型的紙尿布），取代了傳統小寶寶躺下來換尿布的方式。這種新型穿的紙尿布對於學步中的幼兒非常方便，幼兒們也不會排斥，是母親們特別喜愛的新產品，而這個「Moony Man」的誕生是由於紙尿布公司戰略成功的結果，該公司首先開發出用過即丟的紙尿布，接著又完成了不會漏的高級品，最後才發展出成為站著穿的內褲型紙尿布，且價格便宜，足以喚起母親們的購買意欲。如今「Moony Man」已成為衛生健康業界長久以來頭一次的大暢銷商品。

3 消費品和生產品

❋消費品的分類

凡是消費者所使用之商品都叫**消費品**。自從行銷學家哥布蘭特（Corpland）於一九二三年提倡消費品說法以來，就分為三種類型：

・**近銷品**（消費者想在附近零售店方便購買，差別少的商品）。

・**泛用品**（消費者肯多走幾家店，貨比三家才購買的商品，也是差別少的商品）。

・**專賣品**（消費者肯付出特別努力去購買的商品，且是差別大的商品）。

最近又出現第四種類型：

・**精選品**（有差別之商品，但消費者想以最簡單的方式購得的商品）。

如今這四種類型的商品已被公開承認了。

另外站在耐久性和可觀性上，消費品又可分為三類：

・**耐久品**（消費者可以長期使用，是眼睛看得見的商品）。

●行銷學的眼光

萬一一家製造生產品企業的業績低落，想提升業績時，總而言之，因為生產品企業並沒有消費品企業來得那麼熱心推動促銷活動，所以，今後應強力推動促銷活動才行。

・**非耐久品**（消費者只能在短期間使用，是眼睛看得見的商品）。
・**服務**（眼睛看不到，手無法碰觸到的商品）。

❄生產品的分類

這是不同於消費品，是企業為了業務上而使用的商品，叫**生產品**，又分下面三種：

・原料、零件。
・生財器具（機械設備）。
・消耗品和服務。

向企業學習

王子製紙公司的再生影印用紙

從前商品叫做「Merchandise」（被製造出的）或是「goods」（本意有「良好」之意），那是在生產線上製造出對人們有用，且具有良好性格的東西。而像是垃圾或廢棄物叫做「Bads」（本意即是「壞的」意思），在人們的理解中是認為被丟棄的東西，他們不能稱為商品。但是，王子製紙公司和富士全錄公司技術合作，回收廢紙，開發出能再生的影印用紙，叫做「全錄R紙」，因為這種再生影印用紙是回收過去當垃圾丟棄的東西，再次製造成可以使用的影印用紙，而以地球有限資源的再利用成為引人矚目的新產品。今後不再是從 goods 產生出，而是從 Bads 產生 goods 的例子，將屢見不鮮。

4 何謂商品結構？

❄商品結構和商品系列有何不同

一家企業所有的商品全體的結構稱為**商品結構**（Mix）。而在商品結構中屬於某一群的同種類商品，特別叫做**商品系列**。例如，豐田汽車公司的商品結構（即全部商品的結構）是由五種商品系列（同種商品群）所組合而成。

- 轎車系列（Carown，Callora 等）。
- 巴士系列（Coaster 等）。
- 貨卡系列（Toyo Ace 等）。
- 特殊車（越野車）系列（Land Cruiser 等）。
- 住宅車系列（Toyoto Home JA 等）。

商品結構的寬度，意謂著商品系列的數目，如豐田汽車商品結構的寬度，是由五個商品系列所組成的。

●行銷學的眼光

如果一家企業為利潤低落而大傷腦筋時，若想提高利潤，必須改善行銷效果，其策略之一是找出對於銷售額沒有貢獻的商品，然後從商品結構中拋棄它。

商品系列的長度，在特定商品系列中所含有的商品種類，如豐田汽車的轎車系列的長度，是由 Crown，Callora，Corona，Merk II 等許多的轎車組合而成。

❄商品戰略的二種方法

有關於商品結構和個別商品的基本想法，即是**商品戰略**。

商品戰略可粗分下列二種：

①**商品結構戰略**（如何組成多數的商品，並引進體系的構想）。

②**個別商品戰略**（針對個別特定之商品，該如何規定其品質、外觀、特徵或給什麼樣的品牌，如何包裝等相關之構想）。

向企業學習

Ito yorkado 的單品管理

Ito yorkado 的利潤可以說是比大榮和西友集團高出許多的零售企業，他能創造高利潤的理由，在於能實現單品管理。而從前的零售企業的商品管理，除了在賣場上陳列商品結構之外，只注重銷售額大、利潤高的商品系列。但 Ito yorkado 的商品管理，卻以改善商品系列組成為中心課題，它獨具慧眼不再以商品系列層級來管理商品，而改站在下列的觀點來管理商品，即以特定品牌的特定尺寸、特定顏色、特定包裝、特定價格的商品層級來管理商品，也就是最小分類基準的單位商品稱為「item」，及如何管理補進該單位商品、如何陳列，及如何銷售的方法。

5 以品牌來區別商品

※品牌和商標之不同

何謂**品牌**，即是為了表示本公司的商品有別於其他公司的商品而取名的，是以文字、標識、記號、圖形組合而成的，像松下電器產業對於本公司眾多商品均冠上「National」國際牌。而另一方面，**商標**是根據商標法受到法律保護的品牌。

一家企業為商品取名的目的有三：

①為了清楚明白顯示本公司的商品。

②為了消費者購買之方便。

③為了使本公司銷售額成長，且削減促銷經費。

附帶說明品牌有三種：

・National Brand **國際品牌**（ＮＢ表示製造商品的品牌）。

・Private Brand **私人品牌**（ＰＢ表示為了流通業者之企畫所取名的品牌）。

●行銷學的眼光

如有一家企業為本公司商品取品牌時，又在文宣上不肯投下大筆經費的話，可以為本公司的全體商品取一個共通系列名稱的品牌，就能以較少經費，相對實現該品牌的普遍化。

・Generic Brand 通用品牌（GB表示為鹽、砂糖等商品種類的名稱）。

❊為品牌取名有四種方法

一家企業為了表示本公司商品品牌時，有如下四種設定的方式：

①個別品牌之設定（個別之商品，都有不同的品牌）。

②家族系列品牌之設定（對所有同一系列之商品，取同一品牌）。

③異系列品牌之設定（按照商品群，取不同系列的品牌）。

④企業名稱和商品名稱之複合設定（像新力。隨身聽是由表企業名的「SONY」和商品名稱的副品牌「隨身聽」連結而成的方式）。

向企業學習

SONY的品牌戰略

新力公司為強調 SONY 這個名稱，凡是 SONY 新力公司所開發出的所有商品一律均打上「SONY」此一英文字母的 Logetype（象徵標誌 Symbol Mark），然後再為各個商品取一副品牌。因為 SONY 是把品牌定位為行銷戰略的重要支柱之一的位置，由公司首腦人物率先實施品牌管理之企業。且 SONY 新力公司在文宣廣告上對品牌的表現也非常徹底，在電視廣告上最後必播放 SONY 的 Logetype，另外再加上一句口白（narratuge）"It's a SONY"，此外於雜誌平面廣告上的左上方打上 SONY 的字樣，他們努力向消費者灌輸統一品牌的印象。

6 服務也是商品中的一種

※服務是看不見的商品

根據為服務所下的定義：服務即是向對方提供無形而具有價值的東西。此服務有時是連同商品一起提供（例如餐廳之提供飲食），有時卻和商品完全無關的（例如律師為人喉舌和醫師之診斷）。

服務是不同於眼睛看得見的商品，其特徵有：

- 眼睛看不見，手無法觸碰。
- 無法事前作好而加以保管。
- 隨時間之經過會變質。
- 生產和消費同時發生。

但相反的，服務也具備和商品一樣的性格，他提供顧客並使顧客感到滿足。

●行銷學的眼光

如遇到本公司商品無法領先其他競爭商品時，又想要實現領先之可能的話，應①提供免費小冊子，②免費維修商品，③免費提供諮詢之服務等即可。

在以前根據人們之理解行銷的對象，只以有形物體的商品為對象而已。但到今日人們已可接受具有無形價值的服務，也可當成行銷對象。

❋服務戰略的三個課題

一家企業在企畫有關服務的行銷戰略時，務必要檢討下面幾點：

①如何使本公司的服務優於其他競爭企業呢？

②如何提高本公司的服務品質呢？

③如何提高本公司服務提供活動的生產力。

向企業學習

白洋舍採用雙重錄取人事系統

關於洗衣服業界的最大企業白洋舍公司，因為考慮到目前人手嚴重不足，再加上跨國企業又大舉入侵之下，決定積極更改以前的擴大政策，轉為朝向改善經營體質的方向革新。又因洗衣業是屬於典型的勞動力集中的產業，又稱為 3K 職場，是個很難採用新人，且中途離職又多的產業。所以以前由各地的分公司、營業所半途所錄用之人材，容易產生優秀的半途錄用者埋沒在分公司的惡弊。最後改採雙重錄取人事的制度，即所有應徵人均到總公司面談後，再到各分公司去考試，他們意圖是能活用人力資源，使總公司能充分掌握到分公司的人材。

第七章

1 如何決定價格

2 更改價格的戰略①（修正價格）

3 更改價格的戰略②（變更價格）

行銷結構戰略(2)

——價格戰略

1 如何決定價格

※何謂價格：

根據價格的定義，所謂的價格即是表示消費者為了獲得商品或服務所必須付出之金額，這也是賣方行銷的手段。

行銷論中主張這價格並不是依據賣主（企業等）和買主（消費者等）之間的交涉而設定的，其主要是靠賣主之判斷而設定的。企業對價格所採取的三種行動，如圖表17所表示。

※設定價格的方法和順序

那麼對於商品和服務的價格，賣方應如何決定呢？在一九六〇年行銷學者霍克仙菲爾特提倡企業在設定價格時，應採用多階段式，從此之後，許多企業在處理**設定價格**時，均按照下列六種順序來處理。

①首先，立下有關設定價格的目標。

圖表17　企業行動中有關價格的三種模式

設定價格	成為制定價格的基準
修正價格	按照場所、季節、顧客來修正基準價格
變更價格	按照狀況變化之需要來變更基準價格及修正價格

②調查商品或服務有多大的需求。

③熟知商品或服務的成本。

④調查競爭企業的價格及所提供之服務的成本。

⑤然後從各種價格設定方法中（例：緊迫盯人法、目標利潤法、價值基準法、競爭商品價格追隨法、投標法等）選擇最適合本公司的方法。

⑥考慮本公司的方針和消費者心理等，最後才決定價格。

向企業學習

精工愛普遜（Epson）公司新型印表機的設定價格

關於刻印（dot）印表機在日本一向排名榜首的是精工愛普遜公司，但該公司在進入雷射式（Laser）和噴墨式（Inkjet）新型印表機的競爭中卻落敗給Canon, Hulet Packard 公司。後來該公司在一九九四年五月開發出雙倍刻印，多功能噴墨式新型印表機，並決定要廉價出售，本來若根據商品成本，則設立價格在十五萬圓以上的高價也不稀奇。但該公司只賣九萬九千八百圓而已，而它之所以能設定如此低之價格，是因為他們改良了印表機噴墨結構，結果可以利用低成本的零件，而使印表機成功地降低從前製造成本的二分之一。

2 更改價格的戰略①（修正價格）

❄不固定價格的理由

關於商品或服務的價格並非固定的，通常隨著地域、時期、或購買方法而異。

對於書籍或部分化粧品是全國統一售價出售，然另一方面的食品、衣服、家俱、家電用品等會隨零售店及購買地域之不同而使價格不一。這是因為銷售企業（零售店等）在販售商品或提供服務之前即更改價格所致。這種隨地域或季節等而修正價格，即為**修正價格**。

修正價格的方法包括下面五種：

・**地理面修正價格**（例如山中小屋所買的糖果、飲料的價格偏高等）。

・**減價**（淡季或過季時段的商品價格偏低）。

・**促銷上的設定價格**（文宣廣告上的商品設定價格偏低）。

・**設定差別價格**（美術館的門票對學生有優待等）。

●行銷學的眼光

想量販商品時有下面三項是有效進軍市場的方法，①對量購顧客（用戶）大幅地折扣，②通用於大量批發業的大量折扣，③通用此修正價格對策在特賣期間有特別價折扣。

・**設定商品結構的價格**（商品本身的價格設定偏低，但其消耗品的價格卻偏高等）。

※有關公平交易法的價格法規

下面介紹幾項有關設定價格、修正價格的**公平交易法的法規**，根據公平交易法，下面各行為均在禁止之列。

・**價格聯盟(Kartel)**(同業聯盟共同協定販賣價格)。

・**維持二手銷售價格**（賣主指示買主的二手價格，並令其遵守契約）。

・**設立不當的差別對價**（視對方設定不當的差別價格）。

・**不當廉售**（出售商品設定不當的便宜價格）。

・**以不當的高價購買**（為妨害他人事業，以不當的高價購買商品）。

向企業學習　**百貨公司的修正價格**

一般人容易誤解百貨公司所設定的價格都是統一硬性規定的，事實上，他們卻是富有彈性的修正價格。例如，在進入市場時所採用的戰略如下：

・對於過季商品設定拍賣促銷價格。

・怕被競爭零售企業搶走顧客，所以刻意降低部分暢銷商品的價格。

・使用購買人貴賓卡，比一般人便宜 5%的折扣。

・分別把商品分成下面三類：一流商品（Prestige goods）、高品質商品（Better goods）和普通商品（Popular goods），然後把其中的第二類儘量設定較低的價格，意圖來吸引顧客。

3 更改價格的戰略②（變更價格）

※已決定之價格，有時也會改變

把已設定好的價格在日後的某一時期加以變更，叫做**變更價格**。若遇到下列情況才變更價格：

・社會經濟不景氣，如果維持原價根本賣不出。

・急速進入通貨膨脹，難以維持原價，否則事業無法持續經營。

此外，在變更價格時有下面二種分類：

①降價……遇到經濟不景氣，供過於求及市場占有率低落等要降價。

②漲價……通貨膨脹，供不應求等要漲價。

以此變更價格為契機，不但使消費者有所應變（多買或少買）也會引起競爭企業之間的對抗（設定同步價格或維持差別價格）。

※在價格競爭進展中帶頭企業的五種行動

●行銷學的眼光

因為經濟不景氣，商品銷路不如理想時，仍想推銷商品，有下列三種對策：①降價，②趁早實施特賣（bargain sale），③和其他商品配套廉價出售。

排名在後的企業想迎頭趕上，向帶頭企業挑戰時，大多會在價格面去競爭，而設定比帶頭企業更低價的價格。在面對這種挑戰時，帶頭企業是否也應設定變更價格，改訂定低價呢？其實在此況狀下，帶頭企業有如下五種**適應價格對策**：

①因為不難預料對方所能搶走的市場占有率是極其有限的，所以硬是不更改原來價格。

②寧可在品質上比原來更加改善，但價格並不更改。

③為了對抗挑戰企業，而降低價格。

④相反的提高價格，同時創新商品。

⑤開發出能對抗挑戰企業的低價商品，並引進商品系列。

由此可見，減價並不是唯一的方法。

向企業學習

附加鏡片的軟片價格競爭

富士照相軟片公司一向以 1800 圓日幣出售附鏡片的軟片「Econoshot Flash 27」，另一家大榮公司以特殊品牌（Private Brand）PB 限量品的方式出售「Conica」的附鏡片的軟片才賣 980 圓日幣。後來 Ito Yoka 堂又從富士照相軟片公司補進 PB 品的附鏡片的軟片，斷然以 1,150 圓日幣發售。於是在 PB 品的範疇中展開激烈地價格競爭。

第八章

1 透過銷路到達消費者手上的商品
2 銷路即是組織
3 銷路的負責人和角色
4 銷路的企業集團化
5 零售業的結構和角色
6 批發業的結構和角色
7 愈形重要的物流活動

行銷結構戰略(3)

——銷路戰略

1 透過銷路到達消費者手上的商品

※銷路因商品而異

商品從製造廠商到消費者（或是用戶）手上的途徑稱為**銷路**（channel，**銷售途徑**或**流通管道**）。而屬於行銷手段的銷路，因國家、商品而異，如圖表18顯示日本具有代表性商品的典型銷路。

一九一六年行銷學家威爾德（Weld）曾說明銷路與中間業者存在之意義，而在製造廠商消費商品的消費者之間，有**中間業者**的存在（這中間業者包括有批發業和零售業等），消費者透過中間業者的功能，才能簡單方便地購買商品。後來雖有排斥中間業者的舉動，卻沒有成功，是因為：

・廠商方面可以大量生產品種少的商品。
・消費者方面可以少量購買各種商品。

這就是中間業者的功能，當廠商和消費者之間的橋樑，使廠商和消費者得以生存。

圖表18　具有代表性銷路的例子

銷路				
加工食品的銷路	廠商	→ 批發業	→ 零售業	→ 消費者
衣服的銷路	承包廠商	→ 批發業	→ 零售業	→ 消費者
化粧品的銷路	廠商	→ 系列批發業	→ 零售業	→ 消費者
汽車的銷路	廠商	→ 系列零售業	→ 消費者	
生財器具的銷路	廠商	→ 大貿易商	→ 零售業	→ 用戶

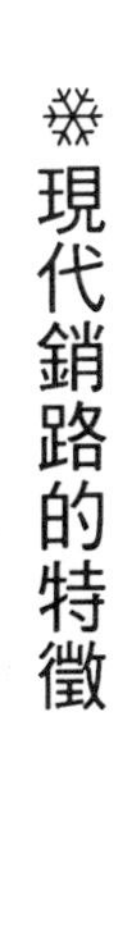

所謂銷路的社會結構，叫做**銷路的結構**，而現代銷路的傾向一般有如下的特徵：

①只有一家批發業的一個層次的短銷路。

②無論是批發業或零售業，都是以廠商所指定的特定業者所組合而成。

向企業學習

家電廠商銷路結構對策的轉變

在高度成長的時代，廠商的銷售額目標之規定，是按照販賣本公司商品一系列零售業的數目而定的。所以，家電廠商莫不以訂定一系列零售業的增加數目為最大的營業方針，而努力開拓及組織一系列零售業。

但是，自從泡沫經濟崩潰，消費者的購買力下降之後，消費者開始有選擇性的購買，他們再也不願意到系列零售業去購買價格高的商品，轉向家電量販業去購買廉價的家電用品。由此，消費的採購行動變化為契機，家電廠商不得不改變依靠從前的系列零售業，來拓展銷路的基本方針。

2 銷路即是組織

※製造廠商和批發業者建立起伙伴關係

如前面說過，所謂的銷路是商品從製造出來到消費者手上的途徑，但關於銷路在行銷學上可區分為二：

・**流通管道**（由廠商↓批發業↓零售業↓消費者的途徑）。

・**商業管道**（由廠商↓批發業↓零售業的途徑）。

一九五七年行銷學家李其偉（Ridgway）主張：「這商業管道換一個觀點來看，可理解為一種組織。」以通用汽車為例來說明其商業管道為：

通用汽車↓GM（General Motor）系列經銷商。

在通用汽車的眼光中GM系列經銷商，即是以出售GM系列的汽車為主要業務，也就是GM的伙伴。雖然其商業管道是伙伴間的集團所組成的，對他所下之結論，仍不妨認定他是一種組織。

●行銷學的眼光

如果廠商想提高本公司商品的市場占有率時，可進行下面的銷路管理方法：①增加販賣本公司商品的零售店。②在零售店裡擴大本公司商品的專櫃。③使本公司商品能陳列於零售店裡最耀眼的專櫃上。

社會上的一般廠商常是以和我方交易的批發商結成生命共同體為號召，而這種**生命共同體**（Symbiosis）的說法，最能直接了當地顯示出廠商和批發業之間，都是構成組織的伙伴關係。

❈銷路應以組織方式來管理

既然銷路不外乎是組織的一種，那麼為了編制組織，並加以營運和維持，銷路必須適當管理。例如站在廠商的立場而言，他需負起**管理銷路的責任**如下：

①選擇參予銷路之批發業和零售業。

②喚起批發業和零售業的意願，使他們能有效地實行銷路中的各項活動。

③適當地評估批發業和零售業的實績。

向企業學習

松下電器產業的刷新銷路

在二次大戰後，松下電器產業之所以能完成一大躍進，主要是因為他把全國大約二萬八仟家的家電批發業者系列化，比其他的競爭廠商組織起更多的零售業所致。這是非常明顯的推論，因為販賣本公司商品的零售業數目增多，當然本公司的銷售額自然就會增加。

但以現今而論，松下電器產業卻面臨一個問題，那就是在這一系列的零售業組織內，包含了許多營業力低落的中小零售業，結果大大降低了銷路的功能，如今松下所面對的問題是，如何有組織的刷新銷路。

3 銷路的負責人和角色

❄管理銷路組織的 Chanel Captain

一家企業在銷路組織中佔有核心地位，可選擇銷路內的其他企業，或喚起意願，或評估其業績的企業，稱為 Chanel Captain（在管道組織中的負責人），在從前有許多業界是由廠商當任 Chanel Captain 的地位，例如其所顯示的狀況為：

・汽車業界的核心企業……汽車廠商。

・家電品業界的主導企業……非零售業而是製造廠商。

而為什麼會具有 Chanel Captain 地位之企業存在呢？理由是銷路（嚴格地說即是商業管道）不外乎是組織，而有組織的銷路一定需要有能構成組織，並加以營運、管理的負責人。至於 Chanel Captain 的企業需採取如下三種行動：

・調節商品的供需關係。

●行銷學的眼光

當交易的零售業想提高交易力直接和廠商辦理交易而採取高姿態時，廠商為了確保銷路主導權，就非得有領先業界的暢銷商品，而且還要實施交易零售業的選擇化。

・設定商品價格。

・制定交易條件。

※廠商對零售業—爭奪銷路的主導權

如今因時代變遷，已出現了取代 Chanel Captain 企業的現象。

即在幾個業界中，針對以銷路為主的構成、營運、管理的活動。而產生下面的變化：「以前是由廠商握有實權，如今卻是改由零售業掌握實權。」

今後在廠商和零售業之間，為了爭奪**銷路的主導權**，必定展開激烈的競爭。

向企業學習

味之素的製造銷售同盟

在 1994 年，味之素自從創業以來頭一次進行戰略改變。向來味之素是以加工食品的廠商為主，他把本公司所開發、企畫出的商品，經由批發業或零售業供給消費者，但今日決定部份引進：

①和零售業共同開發出為特定零售業所需之商品。

②把該商品直接供給零售業。

這二項系統或多或少可以修改創業以來的營業主張。並把這稱為製造銷售同盟，而從此現象正足以代表 Chanel Captain 已換人了。

銷路的企業集團化

❈從衝突轉為協調的時代

既然銷路即是組織的話，如果在銷路內部的廠商，批發業和零售業互相衝突時，當然會削弱組織的功能，降低銷路的活動。

在一九六九年行銷學者史坦（Stern）曾主張銷路的組織若要繼續生存和發展時，應消除構成銷路的各企業間的衝突，並推進各企業間相互之協調。根據此種想法，認為銷路即是以生命共同體的方式結合在一起的廠商、批發業、零售業的集團（即**垂直性企業集團**），而各企業應互相合作協力，來經營事業，向外對抗業界之競爭。

在從前正常的狀態是個別的企業相互競爭，但自從企業集團的想法出現之後，行銷學開始支持如下的意識：

- 個別的企業集團應和其他的企業集團競爭，以創造更大利益為目標。
- 但屬於企業集團的個別企業，也應相互合作協力，以加強企業集團的

●行銷學的眼光

如果想對抗強而有力的競爭企業時，單靠本公司全面活用經營資源還不夠，應要和補貨企業、銷售企業連結在一起，形成垂直性企業集團，用以加強企業集團全體的組織力，並藉以對抗競爭對象才是。

實力為最大目標。

※企業集團的三種類型

一九六五年行銷學家麥卡蒙（Makiaman），根據銷路即是垂直性組織化的系統，把銷路取名為**垂直行銷組織**。

今日一般認為之銷路的企業集團，又可分為三種類型：

①建立垂直行銷組織的企業集團。

②建立水平行銷組織的企業集團。

③在組織上是複合化異質的銷路所形成多頻道的行銷組織的企業集團。

向企業學習

日產經銷商接納日產總公司的外務員

根據汽車業界的說法，汽車公司的銷售額端看分散各地的汽車經銷商（Dealer）的營業人員數目及營業效率而定。但以前經銷商的營業推銷人員原則上是採用當地人，所以日產系列的經銷商本來也是採用當地的營業推銷人，後來，日產汽車為了達成改善體質及加強日產集團之行銷能力的目的，需要助力，因此，才決定接納日產總公司所派遣來的外務員。

5 零售業的組織和角色

❄接二連三推出新業態的零售業界

零售活動，意味著向消費者販賣商品或提供服務的活動。所以賣給企業用戶的商品或服務的活動，不能算是零售活動，而是屬於批發活動。

而營運零售活動的人，稱為**零售企業**。在一九五六年行銷學者麥克尼亞（Macknia）提倡「零售圈」的說法，他說明了零售企業之所以畫分成各種業態之存在，是因為若比起現有業態的零售企業，將可能有更低廉價格的行銷制度及開發之新企業接連參予之結果。

按照自古即存在之各種零售業態，可列舉出下面五種主要的零售業態：

- **雜貨店**（銷售小規模及各種商品的零售企業）。
- **專賣店**（配合十足地服務來銷售特定商品的小規模零售企業）。
- **百貨公司**（配合十足地服務來銷售各種商品的大規模零售企業）。

●行銷學的眼光

一家企業想強化本公司的生存基礎時，因為最後最重要是得到消費者的支持，所以，無論是製造廠商或批發業均需重視零售活動，而建立起即使是部份性的，也要擁有零售活動的體制才是。

・**連鎖店**（限於部份服務來銷售各種商品的大規模零售企業）。

・**便利商店**（銷售特定商品以二十四小時方便顧客的方法的小規模零售企業）。

※零售企業所面對之經營課題

下面整理列舉出零售企業所面對之課題：

①鎖定標的顧客為誰？

②該備齊什麼商品，提供什麼服務？

③店內的裝潢該如何？

④商品價格該定位在哪一層級？

⑤為了要吸引顧客，要使用何種的促銷手段？

⑥店面的立地條件和規模該如何？

向企業學習

三越的煩惱

在日本具有代表性的零售企業，正是代表百貨公司的三越，如今悠久傳統的三越也正面臨難題有待克服。三越和其他百貨公司所面臨的問題如下：

①因為委託交易的商業習慣，使公司當局能回避掉所需冒之經營風險，但卻為了利潤降低而受苦。

②又因為實施商業習慣的專櫃制度的結果，把銷售活動全部委託給專櫃業者，以致利潤低落而受苦。

所以，今後的百貨公司該打破舊有的營業制度，改迎接向新的營業架構挑戰的時代來臨了。

6 批發業的結構和角色

❋介於廠商和零售業之間的批發業

批發活動之定義：嚴格說是向再販業者（包括零售業等）或業務用之顧客（user 等）銷售商品之活動。簡而言之，是向消費者以外的人銷售商品的活動。

而營運批發活動之人，稱為**批發企業**，批發企業是介於廠商和零售業之間，游走於兩端的橋樑，扮演仲介角色。

- 成為廠商大量生產少品種的商品。
- 成為零售業者零星銷售多品種的商品。

批發企業又分如下幾種主要業態：

- **大貿易商**（進行進出口活動的大規模的批發企業）。
- **行銷公司**（納入廠商之關係企業組織中，銷售該廠商的商品的批發企業）。

●行銷學的眼光

在現今廠商和大型零售企業有直接交易之傾向時，而批發業為了圖生存，務必對廠商和零售業有如下貢獻：①更加強銷路網，②有效執行補貨活動，③有效架構銷售體制。

・**批發商**（不屬於廠商之關係企業組織中，獨自在內銷市場上進行銷售活動的批發企業）。

❄批發企業所面臨之經營課題

批發企業所面臨之經營課題，可歸納如下：

①該以哪一個零售企業為標的顧客。

②該備齊什麼商品，及提供什麼服務。

③所銷售之商品該如何設定價格。

④該進行何種促銷活動。

⑤事業場所的立地、規模條件如何？

向企業學習

金屬模型零件批發業的三隅公司郵購制度

一般普通的批發銷售，是派出外務員去訪問顧客，用戶或零售企業去推銷商品，並和他們進行交易商業活動，然後根據他們所下的訂單，寄送商品。但是，金屬模型零件批發企業的三隅公司，卻不採用外務員制度，而是改寄發目錄給用戶，然後由看了目錄的用戶向三隅公司傳真訂購他們所需要之零件。

三隅公司不但採取此郵購制度，還在接受傳真訂購之後，讓製造廠商直接向顧客交貨的方式。其結果是三隅公司的營業因此降低成本而利潤提高，且銷售額也大幅成長的良好業績。

7 愈形重要的物流活動

❋物流業扮演的四種角色

物流活動，意味著把原料或商品從起點轉移到終點的活動，而這物流活動又有廣義和狹義物流之分，雙方不同為：

・**廣義的物流**〔（logistics）指的是從原料的調度，到製成品再輸送到顧客的全部過程〕。

・**狹義的物流**〔（Physical Distribution）指把製成品從工廠運送到顧客的過程〕。

此物流活動可歸納出下面四項活動：

・處理訂單（促使顧客下訂單購買商品的活動）。

・保管（決定保存商品場所及保存方法的活動）。

・庫存（決定保管商品量的活動）。

・輸送（把商品運到目的地的活動）。

●行銷學的眼光

在此成本競爭激烈的現代社會中，若考慮到如何削減成本時，一是重視企業內能削減成本的營業活動，另外應以物流活動的效率化和接單活動之效率的改善，並鎖定為最重點的課題。

❄何謂物流概念？

有關物流活動的基本思想，稱之為**物流概念**。而所謂的物流概念，即是在特定顧客及服務水準之下，把有關物流之成本降到最低之想法。

那麼各企業應以下面三種方式進入市場：

①決定本公司提供服務的水準，並維持該服務水準。

②努力降低有關商品的訂單處理、保管、輸送的綜合成本到最低限度。

③關於物流的權衡利弊（trade off）（例如是否改採運費高但保管費低的航空運輸方式等）的問題，也是以綜合成本最低的方法去解決。

向企業學習　**山崎麵包配送頻率的改善**

麵包本來是以新鮮度具有決定性影響力的商品，而許多麵包廠商向來是每天配送一次到零售店。但山崎麵包卻根據如下的方針：

①在零售店林立之地點，設立麵包工廠。

②在商圈內確保眾多的販賣店。

至少每天二次，對於大型店甚至一日三次的配送麵包，結果實現了店面改善麵包的新鮮度，而成功地使銷售額大幅成長。

第九章

1 向顧客推銷商品的促銷活動
2 應了解促銷活動即是溝通
3 廣告活動的結構和角色
4 販賣促銷活動的結構和角色
5 公關文宣活動的結構和角色
6 直銷的結構和角色
7 靠外務員的銷售活動
8 提高銷售效率的銷售員體制
9 銷售員體制的組織化和營運

行銷結構戰略(4)
——促銷戰略

1 向顧客推銷商品的促銷活動

※促銷活動和五種促銷手段

如前述行銷活動共有商品、價格、銷路、促銷四種基本手段（4P），其中最後的促銷，即是對顧客說明、推銷商品的活動。

依考特勒的說明，此**促銷活動**有下面五種主要手段：

①**廣告**（靠新聞雜誌、電視等向消費者告知商品的活動等）。

②**販賣促銷**（透過提供樣本及贈送品等方式，在零售店面刺激消費者的採購行動等）。

③**文宣**（靠出版品或節令行事或新聞報導等，向社會大眾作企業廣告的告知活動）。

④**直銷**（透過郵購或電話方式來介紹商品的活動）。

⑤**人為販賣**（派出外務員從事於說明、推銷商品的活動）。

而為了更有效率地向顧客說明和推銷商品，必須適當組合這五種手段，

圖表 19　促銷活動的體系

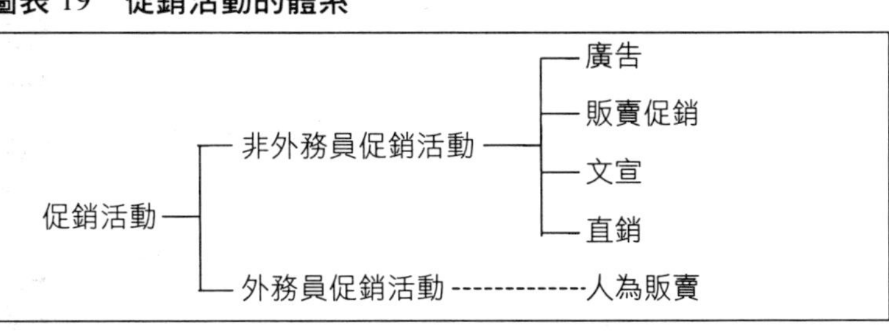

而此一適當組合的促銷手段，稱為**促銷結構**。

※促銷手段的重要程度各異

除了直銷之外，針對其他四項促銷手段而言，那一項才是最重要的呢？一般說來有因商品而異的順序如下：

- 消費品的場合……依序是廣告、販賣促銷、人為販賣、文宣。
- 生產器具的場合……是按照人為販賣、販賣促銷、廣告、文宣的順序。

以大多數的消費者為對象的販賣消費品時，廣告的確是費用最少、效果最大的手段。

向企業學習

任天堂的促銷家用電腦

任天堂為了想把家用電腦銷售到美國市場，名副其實地架構了一套促銷結構如下：

- 在大眾傳播媒體上廣告家用電腦。
- 採取適當折扣的優待券的販賣促銷。
- 經營職業棒球隊進行文宣促銷。
- 在零售店面裡由外務員說明商品並推銷販賣。

此外任天堂透過開發超級家用電腦的高級機種問市，再投入富有魅力的家用電腦軟體此一附加價值的商品戰略，結果終於在美國市場上建立了不可動搖地位。

2 應了解促銷活動即是溝通

※促銷活動和心理學家的假說

現在如果以一個公因數來表現廣告、販賣促銷、文宣、人為販賣等性質各異的四項活動時，他們之間到底有哪些共通的特徵呢?關於此不外乎有一個共通的特性，即是貫徹四項促銷活動的**溝通**（Comminucation）（傳遞資訊）的活動。

而既然促銷活動就是溝通活動，那麼靠促銷活動來說明、販賣商品時，也可適用於心理學家或社會學家一向所研究之 Response Hierarchy Model 的假說，依他們所主張的企業透過傳遞資訊給消費者的三階段（Hierarchy）會引起消費者反應（Response）分別有：

①在消費者的印象中灌輸某一種意志形態（認識階段）。
②遊說消費者改變其印象和態度（情緒階段）。
③促使消費者採取行動（行動階段）。

●行銷學的眼光

如果目前消費者並不熟知之商品，而公司想使其銷路成長時，應根據 AIDA 之假說，首先向消費者告知商品的存在，並誘使消費者注目那項商品。

關於在消費者採購過程中所介紹的AIDA過程（請參看四十五頁）正是這 Response Hierarchy Model 的實例之一。

※六項溝通的步驟

為了落實促銷活動，應該以下面順序來計劃溝通活動：

①明確鎖定標的觀眾和聽眾。
②接著決定傳遞資訊的目的。
③緊接著企畫想要傳達的資訊內容為何。
④選定傳達資訊所使用的媒體。
⑤編列為了傳達資訊所需要的費用預算。
⑥構思該用何種的促銷手段的促銷結構。

向企業學習

奧林柏斯（Olympus）光學工業公司推銷的內視鏡

奧林柏斯光學工業公司在內視鏡的範疇中，確立了世界榜首之地位。雖然該公司照相科技非常出色，商品也很獨特，且在顯微鏡上裝上相機也使同業望其項背，不但是如此，該公司之所以成功，靠的是該公司商品溝通效果也是一大因素，其中包括：

①自從開發胃鏡以來，奧林柏斯內視鏡在醫學界內被醫師們廣為稱道，口碑相傳。

②招集屬於內視鏡開發中地域的亞洲、非洲、中南美洲的年輕醫生來此進修，並使他們成為奧林柏斯迷。

3 廣告活動的結構和角色

※日本的廣告可以上溯到室町時代去尋根！

廣告，是指由明白顯示的廣告業主付費，並靠著非人為的方式來說明、推銷商品構想和服務的活動。所謂非人為的方式，意味著不依賴外務員，而改用報章雜誌的平面媒體或電視印象的手段為之。

廣告除了有大眾媒體的傳遞資訊之外，又包含有招牌、直銷、小冊子、傳單等的傳達資訊的方式。

據說在日本的江戶時代中期，在江戶有一個服裝商，其店名為越後屋，他在街角擺了一個看板，上面寫：「現款不二價　越後屋」，或是免費借給人們上面描有越後屋商標的雨傘，做為廣告而出名。

據說日本的廣告，可以上溯到室町時代末期的看板去尋根，因此，可以認定日本的廣告擁有四百年以上的歷史。

而發表有關廣告的最早理論，是一九〇三年行銷學者史考特的廣告論。

一家企業在企畫事業時，及一開始採用外務員應考量之問題，是要有告知商品文宣活動的計劃，因為廣告即是事業不可欠缺之要素。

※廣告活動的五個步驟

另外，考特勒也說明企業想實施**廣告活動**時，應採取如下五個步驟：

①設定廣告目的（到底是告知、說服、提醒中的那一種廣告目的）。

②決定廣告預算。

③決定廣告訊息（設計訊息的考核、選擇、評估訊息及如何表現此一訊息）。

④決定廣告媒體（決定有關訊息含蓋範圍，頻率及訴求力，評估各種媒體、選擇特定媒體、決定利用媒體的時機、決定不用地域媒體之分配）。

⑤測定、評估廣告效果（調查傳遞資訊的效果，調查銷售額的績效）。

向企業學習

日本通用汽車的比較廣告

雖然，比較廣告在美國是司空見慣之事，即和競爭企業的商品對比之下，是以本公司的商品優點為訴求，但在日本卻不太受歡迎。於 1992 年日本通用汽車意圖向日本市場展開它的積極攻勢，而其第一炮是在廣告上以該公司產品凱迪拉克的 Cevil 的燃料費和日產的 infinity 的燃料費無異為訴求。因為日本的消費者早有成見，認為 GM 車的零件裝備率高過日本車，既然燃料費日、美之間並無差異，如此一來，給消費者灌輸購買通用（GM）汽車豈不划算多了。此一比較廣告成功地引起一大迴響。

販賣促銷活動的結構和角色

※何謂販賣促銷呢？

販賣促銷，即促使消費者試用或購買商品、服務，為此謀得立即有效地的刺激對策的活動。

販賣促銷由如下三種內容活動所組成：

①**以消費者為對象的販賣促銷**（分發樣本、提供優待卷、回扣、減價、分發贈送品、提供懸賞、提供試用機會、商品保證、配套銷售等）。

②**以用戶（公司）為對象的販賣促銷**（減價、提供回扣、提供樣本、召開展示會）。

③**以外務員為對象的販賣促銷**（舉辦推銷競賽、提供獎勵金等）。

至於屬於以用戶為對象的販賣促銷手段之一的回扣（Rebate），在十九世紀後半葉由美國鐵路企業或石油煉油業等的大企業，為了吸引顧客所採用之制度，但到了今日已改為含蓄的補助金（Allowamce）了。

●行銷學的眼光

實際上，當事業碰到銷售額未如意料中成長時，而該公司想使事業持續下去時，應採取①促使消費者購買的各種販賣促銷手段。②加強外務員的販賣活動的手段。

而以外務員為對象的獎勵金，即是廠商挑選積極銷售該公司商品的零售業的外務員，向他個人支付現金以表謝意。

※販賣促銷活動的六項步驟

一家企業想實施販賣促銷活動時，一般認為應採用下面六項步驟：

①設定販賣促銷目的。

②選擇販賣促銷手段（分發樣本、折扣、推銷競賽等）。

③立下販賣促銷計劃。

④實施關於販賣促銷計劃的先前測驗（Pre Test）。

⑤實施販賣促銷計劃。

⑥評估販賣促銷活動之結果。

向企業學習

三多利（Suntory）「白角」酒的販賣促銷作戰

在洋酒業界一片持續景氣低迷中，在 1992 年發售的三多利威士忌「白角」酒，卻是多年來難得一見的暢銷商品。原來三多利公司分析了威士忌銷路不佳的起因，是家庭內不再需求了。所以，該公司為了使威士忌在家庭內的消費量能大幅成長，希望消費者能在飲食中喝啤酒或日本酒之餘，也能飲用威士忌，所以把白角酒定位為「非常適合家常菜的威士忌」，一方面附贈了在家中能簡易調製的泡冰酒的專用說明書，另一方面免費分發介紹二十六種下酒菜料理法的小冊子，於販賣白角酒時一併贈送消費者。結果此一販賣促銷對策奏效，使白角酒成功地成為暢銷商品。

5 公關文宣活動的結構和角色

※何謂公關文宣活動？

公關文宣（Public Relations）意味著為保護企業形象，使商品廣為人知的活動。

公關文宣活動，是由企業內的財務部門所推行的財務面的公關文宣活動，及由行銷部門經辦行銷面的公關文宣活動，和一般公關文宣部門所執行的企業一般公關文宣活動等。

而成為行銷面的行銷公關文宣活動的主要手段有：

・出版品（營業報告書、行銷部門簡介冊子、視聽教材、新聞稿等）。

・節令行事（在職進修會、展示會、競賽、周年慶、協辦贊助運動等）。

・提供新聞（向報章雜誌、電視等報導部門提供消息）。

・演講（由董事長等向高層演講，有關於本公司的商品）。

●行銷學的眼光

如果一家企業沒有預算做廣告，卻想讓眾多的消費者知道本公司的商品時，可採取的公關文宣活動方式之一，是由董事長在演講中提到本公司商品或請大眾傳播媒體報導本公司商品的新聞，也是一種方法。

・公益服務活動（向公益團體提供樂捐或贊助公共性的活動等）。

這種行銷公關文宣活動在進入二十世紀後，當企業的社會性責任受到重視，才開始引人矚目。

❄行銷公關文宣活動的四個步驟

一般認為行銷**公關文宣活動**應採取下面四步驟：

①設定行銷目的（對企業商品的認知、改善信賴度等）。

②選擇訊息的傳遞手段（選擇出版品、及最適當之節令行事表現法）。

③實施行銷公關文宣活動計劃。

④評估行銷公關文宣活動之結果（包括有認知、理解狀況、態度變化的計測等）。

向企業學習

大榮公司的公關文宣活動

出身超市的大榮公司，打著徹底壓低價格的口號，來吸引消費者，但後來合併了列克路公司而改採多角化的經營路線，經營了大榮球團、百貨公司、還開了一家東方飯店，但其公關文宣活動仍鎖定為大榮公司本來的目的，即是以壓低價格來實現消費者的滿足，並透過下面各手段為大榮公司明白地表態。

・發行「澄色頁」的出版小冊子來告知採購「划得來」的商品。
・報導和味之素公司產銷同盟，直接向廠商採購體制並傳達給消費者。
・由公司董事長兼經理，利用大眾傳播媒體表明壓低價格的思想。

直銷的結構和角色

❄由郵購到直銷

所謂**直銷**（Direct marketing），是指使用郵件、電話、報章雜誌、電視等手段向顧客或有希望之顧客提出訴求，以使接受商品或服務的訂單之活動。以前本活動以通信販賣時稱為郵購，但最近不再依賴郵件等的方式來開拓顧客的實例增加了，所以根據企業直接向顧客推銷商品，而改稱為直銷。

另外，又因為企業的外務員挨家挨戶地直接向消費者推銷商品等的訪問販賣，所以取名為**直接推銷**（Direct Selling）。

直銷可和廣告、促銷、公關文宣等相提並論，均屬於非人為的促銷活動之一。

直銷的形態可分為如下各種：

・**目錄行銷**（Cutalog Marketing）（以分發目錄來接單的方式）。

・**直接郵購行銷**（Direct Male Marketing）（以郵寄、夾報書信來接單的方式）。

●行銷學的眼光

一家廠商如果想把本公司商品直接賣給消費者時，可進行下面四項直銷行動：①分發目錄，②直接送郵購文件，③打電話，④在大眾傳播媒體上做廣告以便接單。

・**電話行銷**（Telephone Marketing）（以打電話來接單的方式）。

・**電視直接反應**（Telephone Direct Response）（根據電視廣告來接單的方式）。

・**電子購物**（Electronic Shopping）（利用CATV等接單的方式）。

※直銷活動的五種步驟

一般實施**直銷活動**時，應重視如下五個步驟：

①目的要明確。

②選擇標的顧客（嚴格選擇銷售的對方）。

③檢討提供的內容(檢討販賣的商品及免費提供者)。

④實施試售的嘗試（事先做好試驗的販賣，以便決定最後的販售法）。

⑤計測結果。

向企業學習

目錄屋的郵購

目錄屋是一家以分發「郵購生活」的目錄，而從看過目錄的顧客中獲得訂單的企業。該公司獨特之處相對於百貨公司等的郵購，強調低廉的價格為訴求，而透過嚴格篩選生活上有利之商品，並詳細說明此一商品的功能和製造過程的軟性訴求，來接顧客訂單。該公司不願意廉售商品，所以改靠提供詳細的商品資訊來獲得顧客的支持，結果成為業界中難得一見的高利潤企業。

靠外務員的銷售活動

※外務員銷售活動的定義和三種類型

當我們粗分促銷活動時，隨著外務員的是否介入而分為下面二種：

①外務員不介入的**無外務員的促銷活動**（廣告等）。

②由外務員執行的**外務員促銷活動**（人為銷售活動）。

後者的**人為銷售活動**（又稱為推銷或營業），即是外務員主動去找有希望之顧客（或顧客），以面對面方式來說明商品及提供服務，使其購買的促銷活動。

此一人為銷售活動，隨著目的之不同及活動系統之不同，而有下面三種分類：

①**接單**（和現有顧客交易而接單之活動）。

②**接受訂購**（會見有希望之顧客，向他們說明，或開拓新顧客訂購成交之活動）。

③後援活動（會見顧客及有希望之顧客，向他們提供資訊，在一旁為①、②作後援的活動）。

❄銷售活動的五個步驟

銷售活動應以下面五個步驟實行之：

①確認和評估有希望之顧客。

②接觸有希望之顧客（或顧客）並說明商品。

③說服有希望之顧客（或顧客）一邊的反論。

④達成交易。

⑤確認顧客的滿足感及和他維持良好的關係。

●行銷學的眼光

如果一家廠商想使營業活動更有效率時，應引進以電話對現有交易對象來接單的方式，即以少數員工對付眾多交易對象的電話接單系統作為目標。

向企業學習

日本千葉（chiba gigee）公司的醫藥業務代表

醫藥品製造廠商，通常派遣醫藥業務代表（從前稱為「propper」是擔任支援活動的工作）到醫院向醫生提供醫藥品的資訊。但日本千葉公司卻標榜更新企業體質及使組織活性化，於 1991 年把事務部門的員工大約裁掉 200 名左右，一方面是謀求業務的合理化，另一方面增派 750 名醫藥業務代表建立起一體制，借以實現營業力之提升。而的確一家醫藥品製造廠商的營業額的多寡，端看這些被稱為醫藥業務代表的支援活動而定者居多。

8 提高銷售效率的銷售員體制

❈近代販賣方式的上場

由銷售員和顧客或有希望之顧客對談，向他進行說服工作，在從前大多是任由銷售員按各人獨特之方式來進行的。

但ＮＣＲ公司的派得遜（Paterson）於一八八四年改變了那種方式，而確立了近代的販賣方式，其中包括：

①分派各銷售員自己能專心一致經營的販賣轄區（Teritory）。

②為各銷售員設定銷售目標（Sales Quarter）。

③把各銷售員洽商交易方式定型化。

④以按件計酬方式向各銷售員支付傭金（Commision）。

⑤凡是績優銷售員，借召開全國銷售會議（Convention）公開表揚他。

因此，這種現代銷售主流的想法，即是使銷售活動能標準化、定型化，並藉以提高銷售效率。

●行銷學的眼光

如果想喚起銷售員行銷活動的意願時，應實施①授與銷售員有關轄區內之決定權，②讓他自行管理有關之銷售活動，③支付銷售員按其銷售成果應得之高額報酬。

❄銷售員體制的五個課題

為了要展開近代的銷售活動，必須要具有**銷售員體制**的構想，而考特勒加以說明為此要解決下面五個課題：

①設定銷售員體制的目標。

②企畫營運銷售員體制的戰略。

③構思銷售員體制組織（包括地區別、商品別、顧客類型別等組織）。

④決定銷售員的規模。

⑤決定銷售員的給付報酬方式（包括固定薪、傭金、複合薪及企業負擔的銷售經費等）。

向企業學習

新力壽險的生命規劃員制度

屬於新力關係企業的新力壽險，其外務員被稱為「生命規劃員」(Life Planner)，他和一般壽險公司的外務員有下面幾點不同之處，這也是該銷售員體制獨特之處，包括有：

- 根據顧客的性格向他提供未來生活之建言，並取名為「生命規劃員」(Life Plamner)。
- 外務員一律派遣二十五歲以上，具有營業經驗之男性。
- 基本上規定支付百分之百的傭金報酬。
- 連營業處處長及分公司經理的報酬也是按件計酬的。

9 銷售員體制的組織化和營運

※何謂銷售活動的標準化

如前項所說，在十九世紀末由派得遜（Paterson）所引進之近代的銷售方式，但**銷售活動的標準化**的此一課題，卻更加發展，直到一九六一年行銷實務家達雷（Tarley）曾發表了**作業負荷量法**，也就是建立起各銷售員應採取如下的標準行動的方法：

①每天設定標準的應遵從的洽商時間，會見顧客的交易法則。

②在標準的時間內，進行一次的洽商。

③每天的洽商，應遵守規定之標準洽商次數。

④至於和顧客洽商頻率，也遵從所設定之顧客類別的原則。

後來大家漸漸明白人人若遵守此一標準的銷售活動，那麼，將會得到下面各項成果。

・可以設定各銷售員最適當之管轄區。

若想使所有的銷售員均能進行更有效同一層級的銷售活動時，應按作業負荷量法設定如下之標準，令其遵守：①一天的洽商時間，②每一次的洽商時間，③一天洽商次數。

・決定整個公司的銷售員規模。
・對於銷售員之銷售活動，可以有適當的管理。

❄為了使銷售員體制組織化所面臨營運的五個課題

為了使銷售員體制組織化，考特勒主張在營運上執行下面五個課題：

①召募、精選、錄用銷售員。
②銷售員的在職訓練。
③分派給各銷售員管轄區，使他們銷售和訪問。
④標榜銷售的銷售目標，喚起其銷售意願。
⑤評估銷售員的活動狀況。

向企業學習　**京王百貨公司設立的自主營運專櫃**

以前大多數百貨公司的專櫃銷售員一向是採用交貨業者所派遣之人員，而不是百貨公司自己所派遣之人員。所以，在專櫃的銷售員是由外面派遣來的銷售員，雖然在百貨公司內工作，卻不受百貨公司經營者之管理。而京王百貨公司卻發現了對於那群外面派遣來的人員無法管理，所以決定更改方針，推出如下方案以加強銷售活動：

①增加本公司之員工和顧客周旋之自主營運專櫃，並加強對這些銷售員的管理。

②實施對交貨業者所派遣之銷售員的管理。

第十章

1 立下行銷實施計劃

2 編制行銷的組織

3 行銷組織的營運

4 實施行銷活動

實施行銷活動

1 立下行銷實施計劃

❊實施計劃不可欠缺的理由

一般人容易誤以為只要策定行銷戰略，即可自然實施行銷活動了。但事實絕非如此，若想實施行銷活動，**行銷實施計劃**還是不可欠缺的。

下面說明所謂行銷實施計劃：

・行銷實施計劃（針對實施內容的詳細計劃）……表明什麼人在何時、何地、做何事，如何做的詳細情形。

應先決定實施負責人及實施經辦人，並立下實施活動之議程，明示活動的實施場所，實施內容及實施方法。

如此，一家企業才能引起組織體的行動。

❊實施計劃的六個要點

立下行銷實施計劃時，需進行如下的工作：

●行銷學的眼光

萬一行銷活動沒有收到預期之效果時，應檢討行銷戰略本身的內容，同時檢討是否有製作行銷實施計劃，並探討其內容是否準確。

①需預測推銷商品及提供服務的銷售額。

②預估要創造銷售額所必須投入之經營資源和經費。

③策定執行行銷活動的組織結構。

④製作整年的行銷計劃。

⑤編列整年的行銷預算。

⑥設定評估行銷實績之基準。

這種實施計劃，如果是訂立品牌別時，就由**品牌經理**來訂立，如果是按商品別來訂立時，則改由**商品經理**來訂立。

向企業學習

日清食品「麵王」的行銷實施計劃

在速食麵市場佔頂尖地位的日清食品公司，於 1992 年推出生力麵的「日清麵王」而大獲全勝。其成功的最主要因素是靠行銷實施計劃的實行，其促銷戰略內容是更改組織，按各品牌別來設立品牌經理，然後讓公司內的數名品牌經理互相競爭、互別瞄頭，藉以徹底練就自己所經辦的品牌行銷實施計劃。其結果是麵王的品牌經理企劃了能勝過公司內其他競爭的商品，而立下能打敗公司內其他部門的強力促銷專案，成功地喚起營業部門之銷售意願的構思。

編製行銷的組織

※行銷組織會隨時代而轉變

一九八二年麥金賽（Mackinsei）公司指出若企業想要成功時，不但對於行銷戰略要求準確，而且其行銷組織之整頓也是不可或缺的。所謂的行銷組織，意味著在實施行銷戰略時所需要的人與人之關係的結構。而在企業中行銷組織會隨時代而轉變（如圖表20）。

在最早的第一階段中，主要是由銷售經理督促銷售員去販賣商品，接著到了第二階段，在銷售經理底下設立專業行銷人員，然後進入第三階段，由銷售經理和行銷經理共同實施行銷活動，到了最後的第四階段（理論面的階段）則由行銷經理負起所有包括人為販賣活動，及實施行銷活動之責任。

※何謂行銷組織的結構

考特勒說明在企業內的行銷組織分類如下：

圖表 20　考特勒說明行銷組織的變遷

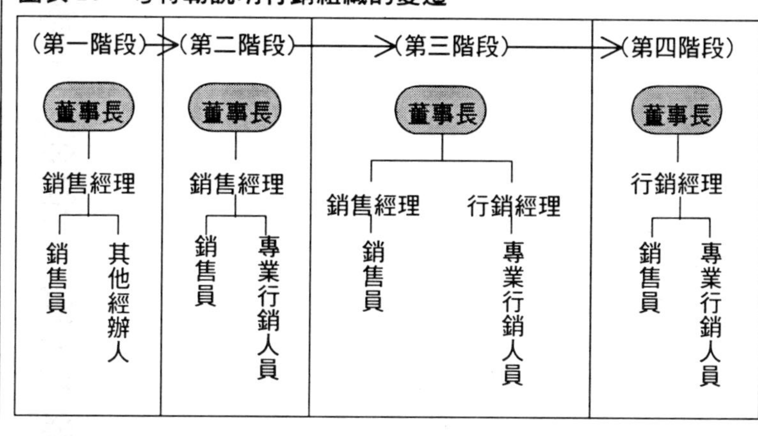

①**功能別的組織**……按照商品企劃、市場調查、外務員、廣告、促銷、全面管理等的行銷功能別，分別設立部門的組織。

②**地區別的組織**……按地區別來細分人為販賣部門的組織。

③**商品別管理的組織**……是由商品經理（即商品別的主管）來企劃自己所經辦之商品的行銷活動，並加以管理的組織。

除此之外，還有事業部制度的組織等。

向企業學習

日立製作所的四個事業部制度

日立製作所於一九九五年，決定要革新家電事業部門及緊縮該公司的機能並使政策迅速化，採用下面四個事業部制度，包括有：

・發電機、電梯等的重機電事業部門。
・電腦、總機交換機等的通信資訊事業部門。
・半導體、液晶等的電子零件事業部門。
・洗衣機、音響、映像機等的家電事業部門。

3 行銷組織的營運

❄在營運行銷組織時所需注意之重點

根據麥金賽（Mackinsei）公司所主張，當企業要達成預期目標時，務必要解決下面的課題：

・整頓傳遞資訊的系統。
・有效地營運有關的計劃策定。
・加強管理相關之事業活動。
・靈活運用對從業員所提供之適當資訊。

而以上這些，正是**行銷組織營運**的核心。

由此可見，在有效地營運行銷組織的前題之下，行銷活動才能順利實施，並創造高業績。

但事實上，往往在企業內部行銷部門和其他部門（例如：研究開發部門、製造部門、財務部門等）之間，時常會起衝突。若放置衝突不管的話，企

●行銷學的眼光

萬一行銷部門和公司內其他部門發生衝突時，當然行銷活動的成果不彰，所以董事長應透過協調兩個部門，消除內部之衝突，努力實現公司內協調的關係。

業整體的活動會受到壓抑。所以，解決公司內組織的衝突，及協調各單位，也就成為實施行銷活動的前提條件。

※營運行銷組織的四個課題

在實施行銷活動時，為了要有效地營運行銷組織，必須執行下面四個課題：

①由行銷活動負責人充分授權給所有經辦人權限及其所應負之責任。

②在行銷組織內建立起員工之間或和行銷部門之外的部門員工之間的協調體制。

③喚起行銷組織內員工的工作意願。

④促進行銷組織內的員工之間，及和其他部門員工之間的資訊交流。

向企業學習

獅王牌廉價供應的推進部門

由獅王油脂和獅王牙膏所合併產生的獅王公司，在以前其營業額不但被花王公司遙遙領先，甚至連經常利潤也不例外。但最近隨著幾個新產品的暢銷，經常利潤也恢復耀眼的業績。

在以前人們只要提到降低成本，都是由製造部門或營業部門各自去做而已，但該公司從 1992 年開始在公司內設立降低成本的推進部門的組織，若想為一商品降低成本時，則聚集公司內二十個部門的單位經理級以上的人來開會，並以此來交換意見的營運方式。從此突顯出降低成本的效果。

實施行銷活動

※行銷活動要落實計劃

根據經營學的說法，企業經營的基本活動有三：①策定計劃，②實施，③結果管理。

而不管計劃有多優秀，如果缺乏第二項的適當實施時，企業仍是難以達成期待之目的，因此，實施此一行動是非常重要的過程。

而實施行銷活動，意味著要落實行銷計劃達成所設定之目標，並在實際上執行計劃中之行動。又因行銷計劃中通常表明有什麼時間以前做什麼事的**日程計畫**（以PERT或CPM等的手法製作的議程計劃），所以，只要按照議程計劃來執行行動即可。

另外，按照計劃來實施行銷活動時，萬一改用不同之議程來實施和計劃內容不同的話，這時行銷計劃之策定將徹底失去意義。所以，要執行行銷計劃時，無論在內容上或議程上都要百分之百的落實計劃。

●行銷學的眼光

一家企業想提高計劃的精密度時，除了反覆下列順序之外，別無他途。首先，在實施行銷活動時要落實計劃，再小心檢討績效，並找出策定計劃的錯誤，運用在訂立下一次計劃時使用。

❄實施行銷活動的四種技巧

為了實施行銷活動的計劃，實施負責人應學會下面四種技巧：

①適當地編列預算以便準確分配人才、時間、資金及經營資源的技巧。

②適當分配從業員、構思有效率的組織，以便全體人員發揮最大力量的技巧。

③建立起公司外的相關連機關，以便得到適當支援體制的技巧。

④能監視活動實績、評估結果，並企畫下一次適當行動的技巧。

向企業學習

松下電器公司董事長的政策

松下電器的前董事長三好先生，曾說過不適任於董事長的條件包括有：

・只會說「好好地幹」，一切依賴部下。
・依賴事業總部。
・不表明事業的方向。
・不肯親自建立組織。

而唯有親自建立體制、執行戰略、直接決定相關之政策，並親自去執行，才能實現行銷的實施效果。

第十一章

1 年度計劃的管理

2 利潤面的管理

3 效率面的管理

4 戰略面的管理

行銷活動的成果和管理

年度計劃的管理

❇管理行銷活動實施結果的四項活動

如前所述，經營學所列舉出企業經營的三種基本活動：①策定計劃，②實施，③結果管理。至於第三項的**結果管理**（控制），即是管理行銷活動實施結果，又由下面三項活動形成的：

①測定實施結果，探知結果如何。

②診斷實施結果，並分析為何結果是如此。

③針對實施結果，考慮今後該如何去做修正方案。

透過適當的結果管理活動，才能在訂立下一階段的計劃時策定的更為準確。至於行銷活動的結果管理，根據考特勒的說明，有下面四個管理活動的分類。

①確認計劃中的目標能否達成的年度計劃的管理。

②確認企業能創什麼程度的利潤，有無損失的利潤面的管理。

③評估行銷活動的經費效率及強度的效率面的管理。

④確認從市場、商品、銷路觀點上有無追求之最佳時機的戰略面管理。(圖表21)

圖表21　考特略說明行銷活動的結果管理及內容

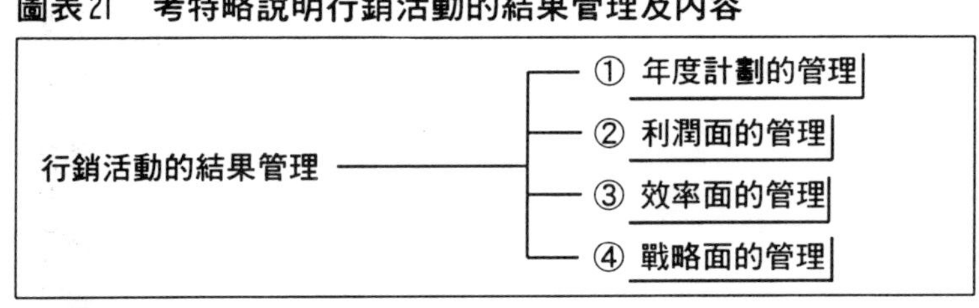

❄年度計劃的管理及內容

年度計劃的管理，即確認在行銷實施計劃中，實際上是否達成在年度計劃中所設定之目標，分析結果並考慮今後之修正對策的活動，由下面內容所形成：

・分析銷售額　・分析市場佔有率　・分析銷售額和經費的對比

・財務分析　・追蹤顧客的滿意度

向企業學習

日產汽車的轉換方針

由於日幣不斷增值，出口又不如理想，且日本本國內銷尚未恢復之際，日產汽車正面臨業績直線下降之勢，於是從九二年度開始，標榜無論是內銷或出口的量數均維持現狀，而改經營高附加價值能使營業利潤大幅成長的，一改從前的經營方針，即重視銷售額的成長。他還透過分析銷售額、分析市場佔有率及財務分析的結果，因此，判斷出不斷追求銷售額的成長過於勉強所致。

2 利潤面的管理

※利潤面的管理及內容

行銷活動的結果管理中的第二項**利潤面的管理**，即是在實施行銷活動的結果中，到底創造多少利潤，為什麼有那些利潤，及檢討今後為了要增加利潤，該努力些什麼的活動。

此一利潤面管理，根據考特勒說明，其內容由下面五項管理形成：

- **商品別管理**（從商品別來看，是否能創造利潤之管理）。
- **銷售地區別管理**（按地區別來看，是否能創造利潤的顧客的管理）。
- **顧客別管理**（按顧客別來看，是否能創造利潤的顧客的管理）。
- **銷路別管理**（按銷路別來看，是否能創造利潤的銷路的管理）。
- **訂單規模別管理**（能否創造利潤的訂單規模的管理）。

另外，在今日分析利潤時，有二種方法：

①單靠直接費用，來分析利潤的管理步驟。

●行銷學的眼光

當面臨本公司存續問題時，所要解決的幾個問題是，首先檢討的並不是銷售額的多寡，而是划不划算的商品，萬一有不划算的商品，要解明為何不划算的理由。

②把所有經費當成對象，再加入間接費用來分析利潤的管理步驟。

根據考特勒的主張，若針對管理上的準確性和容易性而言，則靠前者直接費用來作利潤面的管理，比較理想。

❊改善利潤面的修正案

在利潤面的管理上，採用改善利潤的修正案時，應事先檢討改善利潤的替代方案，例如：

- 對小規模的訂購，另收手續費。
- 對於無法創造利潤的銷路，要特別引進促銷方案。
- 對於不能創造利潤的顧客，要更改銷售方式。

檢討上面的替代方案，採用來當成**行銷活動的修正案**。

向企業學習

東京美姿公司的實現高利潤

東京美姿公司以百貨公司的銷路為中心，販賣婦女服裝的批發企業，在當時一般批發企業的辛苦經營中，美姿公司於1994年2月的銷售額經常利益率高達18%傲世群倫。放眼看日本的各種產業，以服裝公司有如此高利潤，誠屬難得，而分析他之所以能實現如此高之利潤，發現該公司的經營方式是不重視自古相傳的銷售額成長主義，而是加強顧客別的管理，每天檢討顧客別的利潤，並分析創造利潤的因素，每日檢討努力改善利潤所致。

3 效率面的管理

❄效率面的管理及內容

屬於行銷活動結果管理的第三項是**效率面的管理**，所指的是檢討行銷活動的效率如何、效率水準的原因是什麼，及為了提高效率，今後應如何去做等的三種因素活動。

效率面的管理，根據考特勒主張由下面四項內容形成：

- ・營業活動的效率管理。
- ・廣告活動的效率管理。
- ・促銷活動的效率管理。
- ・物流活動的效率管理。

現在說明效率的概念，所謂的效率即是生產除以投入所得的數據，也就是每單位投入所獲得的生產表現出來，叫做效率。

●行銷學的眼光

如要檢討本公司的業務活動是否有無浪費時，應該針對下面四項：①營業活動，②廣告活動，③促銷活動，④物流活動等，從所投入之人、物、財及所獲得之銷售額的對比，以便計測各活動之效率。

例如：銷售員每一人的平均銷售額，或是電視廣告每插播一百次廣告的收視率等，即是效率的尺度。

※營業活動之效率面的管理

要管理**營業活動的效率**時，應分析下面七項：

- 每一銷售員，每一天的訪問推售次數。
- 每一銷售員每一次推售訪問的交易洽商時間。
- 銷售員每次推售訪問後的平均銷售額、平均經費、平均應酬費。
- 銷售員每推售訪問一百次，結果的接單數目。
- 每一固定時間內所獲得之新顧客人數。
- 每一固定時間內失去的原有顧客人數。
- 銷售活動經費占銷售額的比率。

分析上面七項，以便檢討修正對策。

向企業學習

菱食企業的物流效率化

菱食企業是一家大型食品批發企業，他透過物流效率化，標榜著要使批發企業東山再起，其步驟之一是把獨占性、特定的食品交貨給連鎖超市，以實現改善物流的效率活動。此一獨占方式比起從前多數的批發企業分散給貨方式，的確改善了菱食的效率。雖然小戶制度（薄利多銷）提高輸送的頻率，且小戶制度提高輸送頻率的本身，乍看之下和改善效率逆道而行，但在開拓多數新的交易對象零售店的結果下，這種小戶制度高頻率的輸送，其效率是絕對不會惡化的，而且一向以重視商品新鮮度的零售店，莫不歡迎之。

4 戰略面的管理

❄戰略面的管理是經營首腦必須檢討之課題

屬於行銷活動結果管理的第四項的**戰略面的管理**（Strategic Control），是經營首腦或行銷負責人所執行的活動。站在市場、商品、銷路的觀點上，應檢討企業有無追求最高的機會、創造最大的利潤，並經過分析問題之狀況，以便檢討今後之修正對策的活動。

企業本來即是標榜在經過人、物、財的投入後，確立未來本公司的競爭優位。而那種基本構想即是戰略，其中包括人、物、財之投入是否適當、有無問題等，均是經營首腦應檢討之課題。而無需贅言的是，經營首腦最大的責任在於實現企業所擁有的人、物、財等的經營資源的最適當投入。因此，此一戰略面的管理，在行銷管理中是最重要的活動。

❄戰略面的管理之四個內容

●行銷學的眼光

如想檢核本公司的行銷戰略是否適當時，應檢討下面各項：①評估行銷活動的有效性，②監察行銷活動，③和競爭企業相比，以調查行銷活動實況等。

根據考特勒主張戰略面的管理，應包括下面四個內容：

①評估有關行銷活動的有效性（站在如下的觀點來評估，顧客意向的實現狀況、行銷組織的妥當性、行銷資訊系統的整頓狀況、戰略志向姿勢的強弱及營運活動的適當性）。

②執行行銷之監察（包括如下各項監察活動，問題企業應作行銷環境的監察、行銷戰略內容的監察、行銷組織的監察、行銷生產力的監察、執行有關行銷功能的監察）。

③和競爭企業兩相比較下，行銷活動實況監察。

④檢討企業的倫理面、社會面的責任。

向企業學習

三菱汽車擴大佔有率的志向

三菱汽車的中村董事長曾說：「今後在汽車業界中可能會進行弱者淘汰狀況，而對於三菱汽車最大的戰略課題是擴大市場佔有率。以目前三菱汽車佔全世界的 4%多一點，在此狀態下被世界的汽車業界四捨五入。因此，本公司為了圖生存，必須在西元 2000 年擁有國內 15%，世界 5%之占有率才行。」後來三菱汽車根據此一擴大市場占有率的基本構想，刻意加強廉價的休旅用的 RV 車（Recreation Vehiche）的銷售。

大展出版社有限公司 圖書目錄

地址：台北市北投區(石牌)
致遠一路二段 12 巷 1 號
電話：(02)28236031
28236033
郵撥：0166955～1
傳真：(02)28272069

・法律專欄連載・電腦編號 58

台大法學院 法律學系／策劃
法律服務社／編著

1. 別讓您的權利睡著了 1		200 元
2. 別讓您的權利睡著了 2		200 元

・秘傳占卜系列・電腦編號 14

1. 手相術	淺野八郎著	180 元
2. 人相術	淺野八郎著	180 元
3. 西洋占星術	淺野八郎著	180 元
4. 中國神奇占卜	淺野八郎著	150 元
5. 夢判斷	淺野八郎著	150 元
6. 前世、來世占卜	淺野八郎著	150 元
7. 法國式血型學	淺野八郎著	150 元
8. 靈感、符咒學	淺野八郎著	150 元
9. 紙牌占卜學	淺野八郎著	150 元
10. ESP 超能力占卜	淺野八郎著	150 元
11. 猶太數的秘術	淺野八郎著	150 元
12. 新心理測驗	淺野八郎著	160 元
13. 塔羅牌預言秘法	淺野八郎著	200 元

・趣味心理講座・電腦編號 15

1. 性格測驗① 探索男與女	淺野八郎著	140 元
2. 性格測驗② 透視人心奧秘	淺野八郎著	140 元
3. 性格測驗③ 發現陌生的自己	淺野八郎著	140 元
4. 性格測驗④ 發現你的真面目	淺野八郎著	140 元
5. 性格測驗⑤ 讓你們吃驚	淺野八郎著	140 元
6. 性格測驗⑥ 洞穿心理盲點	淺野八郎著	140 元
7. 性格測驗⑦ 探索對方心理	淺野八郎著	140 元
8. 性格測驗⑧ 由吃認識自己	淺野八郎著	160 元
9. 性格測驗⑨ 戀愛知多少	淺野八郎著	160 元
10. 性格測驗⑩ 由裝扮瞭解人心	淺野八郎著	160 元

11. 性格測驗⑪ 敲開內心玄機 淺野八郎著 140元
12. 性格測驗⑫ 透視你的未來 淺野八郎著 160元
13. 血型與你的一生 淺野八郎著 160元
14. 趣味推理遊戲 淺野八郎著 160元
15. 行為語言解析 淺野八郎著 160元

·婦幼天地· 電腦編號16

1. 八萬人減肥成果	黃靜香譯	180元
2. 三分鐘減肥體操	楊鴻儒譯	150元
3. 窈窕淑女美髮秘訣	柯素娥譯	130元
4. 使妳更迷人	成　玉譯	130元
5. 女性的更年期	官舒妍編譯	160元
6. 胎內育兒法	李玉瓊編譯	150元
7. 早產兒袋鼠式護理	唐岱蘭譯	200元
8. 初次懷孕與生產	婦幼天地編譯組	180元
9. 初次育兒12個月	婦幼天地編譯組	180元
10. 斷乳食與幼兒食	婦幼天地編譯組	180元
11. 培養幼兒能力與性向	婦幼天地編譯組	180元
12. 培養幼兒創造力的玩具與遊戲	婦幼天地編譯組	180元
13. 幼兒的症狀與疾病	婦幼天地編譯組	180元
14. 腿部苗條健美法	婦幼天地編譯組	180元
15. 女性腰痛別忽視	婦幼天地編譯組	150元
16. 舒展身心體操術	李玉瓊編譯	130元
17. 三分鐘臉部體操	趙薇妮著	160元
18. 生動的笑容表情術	趙薇妮著	160元
19. 心曠神怡減肥法	川津祐介著	130元
20. 內衣使妳更美麗	陳玄茹譯	130元
21. 瑜伽美姿美容	黃靜香編著	180元
22. 高雅女性裝扮學	陳珮玲譯	180元
23. 蠶糞肌膚美顏法	坂梨秀子著	160元
24. 認識妳的身體	李玉瓊譯	160元
25. 產後恢復苗條體態	居理安・芙萊喬著	200元
26. 正確護髮美容法	山崎伊久江著	180元
27. 安琪拉美姿養生學	安琪拉蘭斯博瑞著	180元
28. 女體性醫學剖析	增田豐著	220元
29. 懷孕與生產剖析	岡部綾子著	180元
30. 斷奶後的健康育兒	東城百合子著	220元
31. 引出孩子幹勁的責罵藝術	多湖輝著	170元
32. 培養孩子獨立的藝術	多湖輝著	170元
33. 子宮肌瘤與卵巢囊腫	陳秀琳編著	180元
34. 下半身減肥法	納他夏・史達賓著	180元
35. 女性自然美容法	吳雅菁編著	180元
36. 再也不發胖	池園悅太郎著	170元

37. 生男生女控制術	中垣勝裕著	220 元
38. 使妳的肌膚更亮麗	楊　皓編著	170 元
39. 臉部輪廓變美	芝崎義夫著	180 元
40. 斑點、皺紋自己治療	高須克彌著	180 元
41. 面皰自己治療	伊藤雄康著	180 元
42. 隨心所欲瘦身冥想法	原久子著	180 元
43. 胎兒革命	鈴木丈織著	180 元
44. NS 磁氣平衡法塑造窈窕奇蹟	古屋和江著	180 元
45. 享瘦從腳開始	山田陽子著	180 元
46. 小改變瘦 4 公斤	宮本裕子著	180 元
47. 軟管減肥瘦身	高橋輝男著	180 元
48. 海藻精神秘美容法	劉名揚編著	180 元
49. 肌膚保養與脫毛	鈴木真理著	180 元
50. 10 天減肥 3 公斤	彤雲編輯組	180 元
51. 穿出自己的品味	西村玲子著	280 元
52. 小孩髮型設計	李芳黛譯	250 元

・青春天地・電腦編號 17

1. A 血型與星座	柯素娥編譯	160 元
2. B 血型與星座	柯素娥編譯	160 元
3. O 血型與星座	柯素娥編譯	160 元
4. AB 血型與星座	柯素娥編譯	120 元
5. 青春期性教室	呂貴嵐編譯	130 元
7. 難解數學破題	宋釗宜編譯	130 元
9. 小論文寫作秘訣	林顯茂編譯	120 元
11. 中學生野外遊戲	熊谷康編著	120 元
12. 恐怖極短篇	柯素娥編譯	130 元
13. 恐怖夜話	小毛驢編譯	130 元
14. 恐怖幽默短篇	小毛驢編譯	120 元
15. 黑色幽默短篇	小毛驢編譯	120 元
16. 靈異怪談	小毛驢編譯	130 元
17. 錯覺遊戲	小毛驢編著	130 元
18. 整人遊戲	小毛驢編著	150 元
19. 有趣的超常識	柯素娥編譯	130 元
20. 哦！原來如此	林慶旺編譯	130 元
21. 趣味競賽 100 種	劉名揚編譯	120 元
22. 數學謎題入門	宋釗宜編譯	150 元
23. 數學謎題解析	宋釗宜編譯	150 元
24. 透視男女心理	林慶旺編譯	120 元
25. 少女情懷的自白	李桂蘭編譯	120 元
26. 由兄弟姊妹看命運	李玉瓊編譯	130 元
27. 趣味的科學魔術	林慶旺編譯	150 元
28. 趣味的心理實驗室	李燕玲編譯	150 元

29. 愛與性心理測驗　小毛驢編譯　130 元
30. 刑案推理解謎　小毛驢編譯　180 元
31. 偵探常識推理　小毛驢編譯　180 元
32. 偵探常識解謎　小毛驢編譯　130 元
33. 偵探推理遊戲　小毛驢編譯　130 元
34. 趣味的超魔術　廖玉山編著　150 元
35. 趣味的珍奇發明　柯素娥編著　150 元
36. 登山用具與技巧　陳瑞菊編著　150 元
37. 性的漫談　蘇燕謀編著　180 元
38. 無的漫談　蘇燕謀編著　180 元
39. 黑色漫談　蘇燕謀編著　180 元
40. 白色漫談　蘇燕謀編著　180 元

・健 康 天 地・電腦編號 18

1. 壓力的預防與治療　柯素娥編譯　130 元
2. 超科學氣的魔力　柯素娥編譯　130 元
3. 尿療法治病的神奇　中尾良一著　130 元
4. 鐵證如山的尿療法奇蹟　廖玉山譯　120 元
5. 一日斷食健康法　葉慈容編譯　150 元
6. 胃部強健法　陳炳崑譯　120 元
7. 癌症早期檢查法　廖松濤譯　160 元
8. 老人痴呆症防止法　柯素娥編譯　130 元
9. 松葉汁健康飲料　陳麗芬編譯　130 元
10. 揉肚臍健康法　永井秋夫著　150 元
11. 過勞死、猝死的預防　卓秀貞編譯　130 元
12. 高血壓治療與飲食　藤山順豐著　180 元
13. 老人看護指南　柯素娥編譯　150 元
14. 美容外科淺談　楊啟宏著　150 元
15. 美容外科新境界　楊啟宏著　150 元
16. 鹽是天然的醫生　西英司郎著　140 元
17. 年輕十歲不是夢　梁瑞麟譯　200 元
18. 茶料理治百病　桑野和民著　180 元
19. 綠茶治病寶典　桑野和民著　150 元
20. 杜仲茶養顏減肥法　西田博著　150 元
21. 蜂膠驚人療效　瀨長良三郎著　180 元
22. 蜂膠治百病　瀨長良三郎著　180 元
23. 醫藥與生活(一)　鄭炳全著　180 元
24. 鈣長生寶典　落合敏著　180 元
25. 大蒜長生寶典　木下繁太郎著　160 元
26. 居家自我健康檢查　石川恭三著　160 元
27. 永恆的健康人生　李秀鈴譯　200 元
28. 大豆卵磷脂長生寶典　劉雪卿譯　150 元
29. 芳香療法　梁艾琳譯　160 元

30. 醋長生寶典　柯素娥譯　180 元
31. 從星座透視健康　席拉・吉蒂斯著　180 元
32. 愉悅自在保健學　野本二士夫著　160 元
33. 裸睡健康法　丸山淳士等著　160 元
34. 糖尿病預防與治療　藤田順豐著　180 元
35. 維他命長生寶典　菅原明子著　180 元
36. 維他命 C 新效果　鐘文訓編　150 元
37. 手、腳病理按摩　堤芳朗著　160 元
38. AIDS 瞭解與預防　彼得塔歇爾著　180 元
39. 甲殼質殼聚糖健康法　沈永嘉譯　160 元
40. 神經痛預防與治療　木下真男著　160 元
41. 室內身體鍛鍊法　陳炳崑編著　160 元
42. 吃出健康藥膳　劉大器編著　180 元
43. 自我指壓術　蘇燕謀編著　160 元
44. 紅蘿蔔汁斷食療法　李玉瓊編著　150 元
45. 洗心術健康秘法　竺翠萍編譯　170 元
46. 枇杷葉健康療法　柯素娥編譯　180 元
47. 抗衰血癒　楊啟宏著　180 元
48. 與癌搏鬥記　逸見政孝著　180 元
49. 冬蟲夏草長生寶典　高橋義博著　170 元
50. 痔瘡・大腸疾病先端療法　宮島伸宜著　180 元
51. 膠布治癒頑固慢性病　加瀨建造著　180 元
52. 芝麻神奇健康法　小林貞作著　170 元
53. 香煙能防止癡呆？　高田明和著　180 元
54. 穀菜食治癌療法　佐藤成志著　180 元
55. 貼藥健康法　松原英多著　180 元
56. 克服癌症調和道呼吸法　帶津良一著　180 元
57. B 型肝炎預防與治療　野村喜重郎著　180 元
58. 青春永駐養生導引術　早島正雄著　180 元
59. 改變呼吸法創造健康　原久子著　180 元
60. 荷爾蒙平衡養生秘訣　出村博著　180 元
61. 水美肌健康法　井戶勝富著　170 元
62. 認識食物掌握健康　廖梅珠編著　170 元
63. 痛風劇痛消除法　鈴木吉彥著　180 元
64. 酸莖菌驚人療效　上田明彥著　180 元
65. 大豆卵磷脂治現代病　神津健一著　200 元
66. 時辰療法—危險時刻凌晨 4 時　呂建強等著　180 元
67. 自然治癒力提升法　帶津良一著　180 元
68. 巧妙的氣保健法　藤平墨子著　180 元
69. 治癒 C 型肝炎　熊田博光著　180 元
70. 肝臟病預防與治療　劉名揚編著　180 元
71. 腰痛平衡療法　荒井政信著　180 元
72. 根治多汗症、狐臭　稻葉益巳著　220 元
73. 40 歲以後的骨質疏鬆症　沈永嘉譯　180 元

74. 認識中藥	松下一成著	180 元
75. 認識氣的科學	佐佐木茂美著	180 元
76. 我戰勝了癌症	安田伸著	180 元
77. 斑點是身心的危險信號	中野進著	180 元
78. 艾波拉病毒大震撼	玉川重德著	180 元
79. 重新還我黑髮	桑名隆一郎著	180 元
80. 身體節律與健康	林博史著	180 元
81. 生薑治萬病	石原結實著	180 元
82. 靈芝治百病	陳瑞東著	180 元
83. 木炭驚人的威力	大槻彰著	200 元
84. 認識活性氧	井土貴司著	180 元
85. 深海鮫治百病	廖玉山編著	180 元
86. 神奇的蜂王乳	井上丹治著	180 元
87. 卡拉 OK 健腦法	東潔著	180 元
88. 卡拉 OK 健康法	福田伴男著	180 元
89. 醫藥與生活㈡	鄭炳全著	200 元
90. 洋蔥治百病	宮尾興平著	180 元
91. 年輕 10 歲快步健康法	石塚忠雄著	180 元
92. 石榴的驚人神效	岡本順子著	180 元
93. 飲料健康法	白鳥早奈英著	180 元
94. 健康棒體操	劉名揚編譯	180 元
95. 催眠健康法	蕭京凌編著	180 元
96. 鬱金（美王）治百病	水野修一著	180 元

・實用女性學講座・電腦編號 19

1. 解讀女性內心世界	島田一男著	150 元
2. 塑造成熟的女性	島田一男著	150 元
3. 女性整體裝扮學	黃靜香編著	180 元
4. 女性應對禮儀	黃靜香編著	180 元
5. 女性婚前必修	小野十傳著	200 元
6. 徹底瞭解女人	田口二州著	180 元
7. 拆穿女性謊言 88 招	島田一男著	200 元
8. 解讀女人心	島田一男著	200 元
9. 俘獲女性絕招	志賀貢著	200 元
10. 愛情的壓力解套	中村理英子著	200 元
11. 妳是人見人愛的女孩	廖松濤編著	200 元

・校園系列・電腦編號 20

1. 讀書集中術	多湖輝著	180 元
2. 應考的訣竅	多湖輝著	150 元
3. 輕鬆讀書贏得聯考	多湖輝著	150 元

4. 讀書記憶秘訣 多湖輝著 150元
5. 視力恢復！超速讀術 江錦雲譯 180元
6. 讀書 36 計 黃柏松編著 180元
7. 驚人的速讀術 鐘文訓編著 170元
8. 學生課業輔導良方 多湖輝著 180元
9. 超速讀超記憶法 廖松濤編著 180元
10. 速算解題技巧 宋釗宜編著 200元
11. 看圖學英文 陳炳崑編著 200元
12. 讓孩子最喜歡數學 沈永嘉譯 180元
13. 催眠記憶術 林碧清譯 180元
14. 催眠速讀術 林碧清譯 180元
15. 數學式思考學習法 劉淑錦譯 200元
16. 考試憑要領 劉孝暉著 180元
17. 事半功倍讀書法 王毅希著 200元
18. 超金榜題名術 陳蒼杰譯 200元

・實用心理學講座・電腦編號 21

1. 拆穿欺騙伎倆 多湖輝著 140元
2. 創造好構想 多湖輝著 140元
3. 面對面心理術 多湖輝著 160元
4. 偽裝心理術 多湖輝著 140元
5. 透視人性弱點 多湖輝著 140元
6. 自我表現術 多湖輝著 180元
7. 不可思議的人性心理 多湖輝著 180元
8. 催眠術入門 多湖輝著 150元
9. 責罵部屬的藝術 多湖輝著 150元
10. 精神力 多湖輝著 150元
11. 厚黑說服術 多湖輝著 150元
12. 集中力 多湖輝著 150元
13. 構想力 多湖輝著 150元
14. 深層心理術 多湖輝著 160元
15. 深層語言術 多湖輝著 160元
16. 深層說服術 多湖輝著 180元
17. 掌握潛在心理 多湖輝著 160元
18. 洞悉心理陷阱 多湖輝著 180元
19. 解讀金錢心理 多湖輝著 180元
20. 拆穿語言圈套 多湖輝著 180元
21. 語言的內心玄機 多湖輝著 180元
22. 積極力 多湖輝著 180元

・超現實心理講座・電腦編號 22

1.	超意識覺醒法	詹蔚芬編譯	130 元
2.	護摩秘法與人生	劉名揚編譯	130 元
3.	秘法！超級仙術入門	陸明譯	150 元
4.	給地球人的訊息	柯素娥編著	150 元
5.	密教的神通力	劉名揚編著	130 元
6.	神秘奇妙的世界	平川陽一著	200 元
7.	地球文明的超革命	吳秋嬌譯	200 元
8.	力量石的秘密	吳秋嬌譯	180 元
9.	超能力的靈異世界	馬小莉譯	200 元
10.	逃離地球毀滅的命運	吳秋嬌譯	200 元
11.	宇宙與地球終結之謎	南山宏著	200 元
12.	驚世奇功揭秘	傅起鳳著	200 元
13.	啟發身心潛力心象訓練法	栗田昌裕著	180 元
14.	仙道術遁甲法	高藤聰一郎著	220 元
15.	神通力的秘密	中岡俊哉著	180 元
16.	仙人成仙術	高藤聰一郎著	200 元
17.	仙道符咒氣功法	高藤聰一郎著	220 元
18.	仙道風水術尋龍法	高藤聰一郎著	200 元
19.	仙道奇蹟超幻像	高藤聰一郎著	200 元
20.	仙道鍊金術房中法	高藤聰一郎著	200 元
21.	奇蹟超醫療治癒難病	深野一幸著	220 元
22.	揭開月球的神秘力量	超科學研究會	180 元
23.	西藏密教奧義	高藤聰一郎著	250 元
24.	改變你的夢術入門	高藤聰一郎著	250 元
25.	21 世紀拯救地球超技術	深野一幸著	250 元

・養 生 保 健・電腦編號 23

1.	醫療養生氣功	黃孝寬著	250 元
2.	中國氣功圖譜	余功保著	250 元
3.	少林醫療氣功精粹	井玉蘭著	250 元
4.	龍形實用氣功	吳大才等著	220 元
5.	魚戲增視強身氣功	宮　嬰著	220 元
6.	嚴新氣功	前新培金著	250 元
7.	道家玄牝氣功	張　章著	200 元
8.	仙家秘傳袪病功	李遠國著	160 元
9.	少林十大健身功	秦慶豐著	180 元
10.	中國自控氣功	張明武著	250 元
11.	醫療防癌氣功	黃孝寬著	250 元
12.	醫療強身氣功	黃孝寬著	250 元
13.	醫療點穴氣功	黃孝寬著	250 元

14. 中國八卦如意功	趙維漢著	180元
15. 正宗馬禮堂養氣功	馬禮堂著	420元
16. 秘傳道家筋經內丹功	王慶餘著	280元
17. 三元開慧功	辛桂林著	250元
18. 防癌治癌新氣功	郭　林著	180元
19. 禪定與佛家氣功修煉	劉天君著	200元
20. 顛倒之術	梅自強著	360元
21. 簡明氣功辭典	吳家駿編	360元
22. 八卦三合功	張全亮著	230元
23. 朱砂掌健身養生功	楊永著	250元
24. 抗老功	陳九鶴著	230元
25. 意氣按穴排濁自療法	黃啟運編著	250元
26. 陳式太極拳養生功	陳正雷著	200元
27. 健身祛病小功法	王培生著	200元
28. 張式太極混元功	張春銘著	250元

・社會人智囊・電腦編號 24

1. 糾紛談判術	清水增三著	160元
2. 創造關鍵術	淺野八郎著	150元
3. 觀人術	淺野八郎著	180元
4. 應急詭辯術	廖英迪編著	160元
5. 天才家學習術	木原武一著	160元
6. 貓型狗式鑑人術	淺野八郎著	180元
7. 逆轉運掌握術	淺野八郎著	180元
8. 人際圓融術	澀谷昌三著	160元
9. 解讀人心術	淺野八郎著	180元
10. 與上司水乳交融術	秋元隆司著	180元
11. 男女心態定律	小田晉著	180元
12. 幽默說話術	林振輝編著	200元
13. 人能信賴幾分	淺野八郎著	180元
14. 我一定能成功	李玉瓊譯	180元
15. 獻給青年的嘉言	陳蒼杰譯	180元
16. 知人、知面、知其心	林振輝編著	180元
17. 塑造堅強的個性	坂上肇著	180元
18. 為自己而活	佐藤綾子著	180元
19. 未來十年與愉快生活有約	船井幸雄著	180元
20. 超級銷售話術	杜秀卿譯	180元
21. 感性培育術	黃靜香編著	180元
22. 公司新鮮人的禮儀規範	蔡媛惠譯	180元
23. 傑出職員鍛鍊術	佐佐木正著	180元
24. 面談獲勝戰略	李芳黛譯	180元
25. 金玉良言撼人心	森純大著	180元
26. 男女幽默趣典	劉華亭編著	180元

27. 機智說話術　劉華亭編著　180 元
28. 心理諮商室　柯素娥譯　180 元
29. 如何在公司崢嶸頭角　佐佐木正著　180 元
30. 機智應對術　李玉瓊編著　200 元
31. 克服低潮良方　坂野雄二著　180 元
32. 智慧型說話技巧　沈永嘉編著　180 元
33. 記憶力、集中力增進術　廖松濤編著　180 元
34. 女職員培育術　林慶旺編著　180 元
35. 自我介紹與社交禮儀　柯素娥編著　180 元
36. 積極生活創幸福　田中真澄著　180 元
37. 妙點子超構想　多湖輝著　180 元
38. 說 NO 的技巧　廖玉山編著　180 元
39. 一流說服力　李玉瓊編著　180 元
40. 般若心經成功哲學　陳鴻蘭編著　180 元
41. 訪問推銷術　黃靜香編著　180 元
42. 男性成功秘訣　陳蒼杰編著　180 元
43. 笑容、人際智商　宮川澄子著　180 元
44. 多湖輝的構想工作室　多湖輝著　200 元
45. 名人名語啟示錄　喬家楓著　180 元
46. 口才必勝術　黃柏松編著　220 元
47. 能言善道的說話術　章智冠編著　180 元
48. 改變人心成為贏家　多湖輝著　200 元
49. 說服的ＩＱ　沈永嘉譯　200 元
50. 提升腦力超速讀術　齊藤英治著　200 元
51. 操控對手百戰百勝　多湖輝著　200 元

・精選系列・電腦編號 25

1. 毛澤東與鄧小平　渡邊利夫等著　280 元
2. 中國大崩裂　江戶介雄著　180 元
3. 台灣・亞洲奇蹟　上村幸治著　220 元
4. 7-ELEVEN 高盈收策略　國友隆一著　180 元
5. 台灣獨立（新・中國日本戰爭一）　森詠著　200 元
6. 迷失中國的末路　江戶雄介著　220 元
7. 2000 年 5 月全世界毀滅　紫藤甲子男著　180 元
8. 失去鄧小平的中國　小島朋之著　220 元
9. 世界史爭議性異人傳　桐生操著　200 元
10. 淨化心靈享人生　松濤弘道著　220 元
11. 人生心情診斷　賴藤和寬著　220 元
12. 中美大決戰　檜山良昭著　220 元
13. 黃昏帝國美國　莊雯琳譯　220 元
14. 兩岸衝突（新・中國日本戰爭二）　森詠著　220 元
15. 封鎖台灣（新・中國日本戰爭三）　森詠著　220 元
16. 中國分裂（新・中國日本戰爭四）　森詠著　220 元

17. 由女變男的我　虎井正衛著　200元
18. 佛學的安心立命　松濤弘道著　220元
19. 世界喪禮大觀　松濤弘道著　280元
20. 中國內戰（新・中國日本戰爭五）　森詠著　220元
21. 台灣內亂（新・中國日本戰爭六）　森詠著　220元
22. 琉球戰爭①（新・中國日本戰爭七）　森詠著　220元
23. 琉球戰爭②（新・中國日本戰爭八）　森詠著　220元

・運 動 遊 戲・電腦編號 26

1. 雙人運動　李玉瓊譯　160元
2. 愉快的跳繩運動　廖玉山譯　180元
3. 運動會項目精選　王佑京譯　150元
4. 肋木運動　廖玉山譯　150元
5. 測力運動　王佑宗譯　150元
6. 游泳入門　唐桂萍編著　200元

・休 閒 娛 樂・電腦編號 27

1. 海水魚飼養法　田中智浩著　300元
2. 金魚飼養法　曾雪玫譯　250元
3. 熱門海水魚　毛利匡明著　480元
4. 愛犬的教養與訓練　池田好雄著　250元
5. 狗教養與疾病　杉浦哲著　220元
6. 小動物養育技巧　三上昇著　300元
7. 水草選擇、培育、消遣　安齊裕司著　300元
8. 四季釣魚法　釣朋會著　200元
9. 簡易釣魚入門　張果馨譯　200元
10. 防波堤釣入門　張果馨譯　220元
20. 園藝植物管理　船越亮二著　220元
40. 撲克牌遊戲與贏牌秘訣　林振輝編著　180元
41. 撲克牌魔術、算命、遊戲　林振輝編著　180元
42. 撲克占卜入門　王家成編著　180元
50. 兩性幽默　幽默選集編輯組　180元
51. 異色幽默　幽默選集編輯組　180元

・銀髮族智慧學・電腦編號 28

1. 銀髮六十樂逍遙　多湖輝著　170元
2. 人生六十反年輕　多湖輝著　170元
3. 六十歲的決斷　多湖輝著　170元
4. 銀髮族健身指南　孫瑞台編著　250元
5. 退休後的夫妻健康生活　施聖茹譯　200元

·飲食保健· 電腦編號 29

1. 自己製作健康茶	大海淳著	220 元
2. 好吃、具藥效茶料理	德永睦子著	220 元
3. 改善慢性病健康藥草茶	吳秋嬌譯	200 元
4. 藥酒與健康果菜汁	成玉編著	250 元
5. 家庭保健養生湯	馬汴梁編著	220 元
6. 降低膽固醇的飲食	早川和志著	200 元
7. 女性癌症的飲食	女子營養大學	280 元
8. 痛風者的飲食	女子營養大學	280 元
9. 貧血者的飲食	女子營養大學	280 元
10. 高脂血症者的飲食	女子營養大學	280 元
11. 男性癌症的飲食	女子營養大學	280 元
12. 過敏者的飲食	女子營養大學	280 元
13. 心臟病的飲食	女子營養大學	280 元
14. 滋陰壯陽的飲食	王增著	220 元
15. 胃、十二指腸潰瘍的飲食	勝健一等著	280 元
16. 肥胖者的飲食	雨宮禎子等著	280 元

·家庭醫學保健· 電腦編號 30

1. 女性醫學大全	雨森良彥著	380 元
2. 初為人父育兒寶典	小瀧周曹著	220 元
3. 性活力強健法	相建華著	220 元
4. 30 歲以上的懷孕與生產	李芳黛編著	220 元
5. 舒適的女性更年期	野末悅子著	200 元
6. 夫妻前戲的技巧	笠井寬司著	200 元
7. 病理足穴按摩	金慧明著	220 元
8. 爸爸的更年期	河野孝旺著	200 元
9. 橡皮帶健康法	山田晶著	180 元
10. 三十三天健美減肥	相建華等著	180 元
11. 男性健美入門	孫玉祿編著	180 元
12. 強化肝臟秘訣	主婦の友社編	200 元
13. 了解藥物副作用	張果馨譯	200 元
14. 女性醫學小百科	松山榮吉著	200 元
15. 左轉健康法	龜田修等著	200 元
16. 實用天然藥物	鄭炳全編著	260 元
17. 神秘無痛平衡療法	林宗駛著	180 元
18. 膝蓋健康法	張果馨譯	180 元
19. 針灸治百病	葛書翰著	250 元
20. 異位性皮膚炎治癒法	吳秋嬌譯	220 元
21. 禿髮白髮預防與治療	陳炳崑編著	180 元
22. 埃及皇宮菜健康法	飯森薰著	200 元

23. 肝臟病安心治療	上野幸久著	220 元
24. 耳穴治百病	陳抗美等著	250 元
25. 高效果指壓法	五十嵐康彥著	200 元
26. 瘦水、胖水	鈴木園子著	200 元
27. 手針新療法	朱振華著	200 元
28. 香港腳預防與治療	劉小惠譯	250 元
29. 智慧飲食吃出健康	柯富陽編著	200 元
30. 牙齒保健法	廖玉山編著	200 元
31. 恢復元氣養生食	張果馨譯	200 元
32. 特效推拿按摩術	李玉田著	200 元
33. 一週一次健康法	若狹真著	200 元
34. 家常科學膳食	大塚滋著	220 元
35. 夫妻們關心的男性不孕	原利夫著	220 元
36. 自我瘦身美容	馬野詠子著	200 元
37. 魔法姿勢益健康	五十嵐康彥著	200 元
38. 眼病錘療法	馬栩周著	200 元
39. 預防骨質疏鬆症	藤田拓男著	200 元
40. 骨質增生效驗方	李吉茂編著	250 元
41. 蕺菜健康法	小林正夫著	200 元
42. 赧於啟齒的男性煩惱	增田豐著	220 元
43. 簡易自我健康檢查	稻葉允著	250 元
44. 實用花草健康法	友田純子著	200 元
45. 神奇的手掌療法	日比野喬著	230 元
46. 家庭式三大穴道療法	刑部忠和著	200 元
47. 子宮癌、卵巢癌	岡島弘幸著	220 元
48. 糖尿病機能性食品	劉雪卿編著	220 元
49. 奇蹟活現經脈美容法	林振輝編譯	200 元
50. Super SEX	秋好憲一著	220 元
51. 了解避孕丸	林玉佩譯	200 元
52. 有趣的遺傳學	蕭京凌編著	200 元
53. 強身健腦手指運動	羅群等著	250 元
54. 小周天健康法	莊雯琳譯	200 元
55. 中西醫結合醫療	陳蒼杰譯	200 元
56. 沐浴健康法	楊鴻儒譯	200 元
57. 節食瘦身秘訣	張芷欣編著	200 元

・超經營新智慧・電腦編號 31

1. 躍動的國家越南	林雅倩譯	250 元
2. 甦醒的小龍菲律賓	林雅倩譯	220 元
3. 中國的危機與商機	中江要介著	250 元
4. 在印度的成功智慧	山內利男著	220 元
5. 7-ELEVEN 大革命	村上豐道著	200 元
6. 業務員成功秘方	呂育清編著	200 元

7. 在亞洲成功的智慧　鈴木讓二著　220 元
8. 圖解活用經營管理　山際有文著　220 元
9. 速效行銷學　江尻弘著　220 元

・親子系列・電腦編號 32

1. 如何使孩子出人頭地　多湖輝著　200 元
2. 心靈啟蒙教育　多湖輝著　280 元

・雅致系列・電腦編號 33

1. 健康食譜春冬篇　丸元淑生著　200 元
2. 健康食譜夏秋篇　丸元淑生著　200 元
3. 純正家庭料理　陳建民等著　200 元
4. 家庭四川菜　陳建民著　200 元
5. 醫食同源健康美食　郭長聚著　200 元
6. 家族健康食譜　東畑朝子著　200 元

・美術系列・電腦編號 34

1. 可愛插畫集　鉛筆等著　220 元
2. 人物插畫集　鉛筆等著　220 元

・心 靈 雅 集・電腦編號 00

1. 禪言佛語看人生　松濤弘道著　180 元
2. 禪密教的奧秘　葉逯謙譯　120 元
3. 觀音大法力　田口日勝著　120 元
4. 觀音法力的大功德　田口日勝著　120 元
5. 達摩禪 106 智慧　劉華亭編譯　220 元
6. 有趣的佛教研究　葉逯謙編譯　170 元
7. 夢的開運法　蕭京凌譯　180 元
8. 禪學智慧　柯素娥編譯　130 元
9. 女性佛教入門　許俐萍譯　110 元
10. 佛像小百科　心靈雅集編譯組　130 元
11. 佛教小百科趣談　心靈雅集編譯組　120 元
12. 佛教小百科漫談　心靈雅集編譯組　150 元
13. 佛教知識小百科　心靈雅集編譯組　150 元
14. 佛學名言智慧　松濤弘道著　220 元
15. 釋迦名言智慧　松濤弘道著　220 元
16. 活人禪　平田精耕著　120 元
17. 坐禪入門　柯素娥編譯　150 元
18. 現代禪悟　柯素娥編譯　130 元

國家圖書館出版品預行編目資料

速效行銷學／江尻弘著；沈永嘉譯－初版－
臺北市，大展，民 88
193 面；21 公分－（超經營新智慧；9）
譯自：スーパー入門 マーケティング
ISBN 957-557-954-2（平裝）
1. 銷售
496.5　　88012568

First published in Japan in 1995 by Nippon Jitsugyo Publishing Co., Ltd.
Chinese translation rights arranged with Hiroshi Ejiri
through Japan Foreign-Rights Centre/Hongzu Enterprise Co., Ltd.
版權仲介：宏儒企業有限公司

速效行銷學

ISBN 957-557-954-2

原 著 者／江 尻 弘
編 譯 者／沈 永 嘉
發 行 人／蔡 森 明
出 版 者／大展出版社有限公司
社　 址／台北市北投區（石牌）致遠一路 2 段 12 巷 1 號
電　 話／(02) 28236031・28236033
傳　 真／(02) 28272069
郵政劃撥／01669551
登 記 證／局版臺業字第 2171 號
承 印 者／高星印刷品行
裝　 訂／日新裝訂所
排 版 者／千兵企業有限公司

初版 1 刷／1999 年（民 88 年）10 月
初版 2 刷／1999 年（民 88 年）　月

定 價／220 元